Linux 系统编程

李成勇 赵友贵 钟馨怡 卢瑛 ◎ 编 著

西南交通大学出版社
·成 都·

内容提要

本书围绕 Linux 系统所涉及的知识点，分为 12 章，内容包括 Linux 系统概述、Linux 的常用命令、Shell 编程、Linux 系统程序设计基础、文件分割和多文件编译、Linux 环境下系统函数的使用、文件的操作、进程控制、进程间的通信、网络程序设计、Linux 的图形编程、串行通信等。

本书内容丰富，图文并茂，紧紧围绕知识的实用性和通用性，涵盖面较广，介绍了常用的终端命令，但没有过多深入阐述，重点在文件操作、进程控制、进程间通信等内容上。除了基本的常用操作外，还进行了内容拓展，每章配有思考与实验。

本书既可以作为高等学校电子信息类相关专业学生教材，也可作为培训参考资料使用。

图书在版编目（Ｃ Ｉ Ｐ）数据

Linux 系统编程 / 李成勇等编著. —成都：西南交通大学出版社，2021.3
ISBN 978-7-5643-7864-6

Ⅰ．①L… Ⅱ．①李… Ⅲ．①Linux 操作系统 Ⅳ．①TP316.85

中国版本图书馆 CIP 数据核字（2020）第 243892 号

Linux Xitong Biancheng
Linux 系统编程

李成勇 赵友贵 钟馨怡 卢 瑛／编著   责任编辑／穆 丰
封面设计／原谋书装

西南交通大学出版社出版发行
（四川省成都市金牛区二环路北一段 111 号西南交通大学创新大厦 21 楼 610031）
发行部电话：028-87600564 028-87600533
网址：http://www.xnjdcbs.com
印刷：成都蓉军广告印务有限责任公司

成品尺寸 185 mm×260 mm
印张 16.75 字数 365 千
版次 2021 年 3 月第 1 版 印次 2021 年 3 月第 1 次
书号 ISBN 978-7-5643-7864-6
定价 39.80 元

课件咨询电话：028-81435775
图书如有印装质量问题 本社负责退换
版权所有 盗版必究 举报电话：028-87600562

P/ 前言
reface

    Linux 是一种极具发展潜力并广泛应用的自由和开放源码的计算机操作系统。Linux 可以安装在各种各样的计算机设备上，从超级计算机到大型机、网络服务器，从路由器、多媒体设备到 PC、便携式设备甚至手机，都广泛地使用了 Linux 操作系统。

    本书是作者依托三年的教学总结，采用大量的图、表循序渐进地阐述了 Linux 操作系统的基本框架和原理（概述、安装、用户和组、文件系统、基本命令、vi/vim、文件共享与远程控制、bash 编程等），并精心挑选了大量案例作为原理阐析的补充内容。

    通过本书的学习，学生能够熟悉 Linux 操作系统下的基本命令使用、shell 程序设计、Linux 环境下 C 程序的编辑、编译、调试及运行，掌握 Linux 环境下系统函数的使用，掌握文件操作、非缓冲文件的 I/O 操作，掌握进程控制的程序设计，掌握进程间共享内存、管道、队列及信号等通信的机理及编程方法，掌握网络编程设计，掌握串行通信程序设计，初步了解驱动程序设计，使学生掌握 Linux 操作系统下 C 程序开发的方法和技巧，并具备开发大型应用程序的能力，具有团队协作、勤奋敬业及与人合作、沟通及协调能力。

    全书分为 12 章，涵盖了 Ubuntu 操作系统在实际应用方面的各种知识技能。

    第 1 章是 Linux 系统概述，主要讲述 Linux 发展历史，操作系统类型选择和内核版本的选择，Linux 的系统架构，GNU 通用公共许可证。

    第 2 章是 Linux 的常用命令，主要讲述 Linux 命令格式，用户管理命令，文件系统命令，文件、目录权限管理，文件操作命令，Linux 中的硬盘，挂载文件系统，文件归档与压缩，Shell 命令。了解 Linux 操作系统和通信软件开发之间的联系，了解 Linux 下终端常用命令的操作，掌握 Linux 环境 bash 的基本命令，掌握 shell 的基本概念。

    第 3 章是 shell 编程，主要讲述 shell 概述，vi 编辑器，创建和执行 shell 脚本，shell 特殊字符，shell 变量，正则表达式与算术运算，控制结构，其他语句，函数，调试 shell 脚本。掌握 shell 编程的基本技能，掌握 bash 脚本的建立和运行，熟悉使用 vi、gedit 等编辑器生成 bash 文件；掌握在 shell 脚本中使用函数的基本技能；了解 Linux 下 shell 程序设计方法，掌握顺序、分支、循环结构的

shell 程序设计方法。

第 4 章是 Linux 系统程序设计基础，主要讲述 C 语言基础，第一个 Linux C 程序，GCC 编译器，GDB 调试器。熟悉 Linux 系统 C 语言开发工具，了解 Linux 下 c 程序的编辑、编译和运行；掌握 GCC、make 等开发工具的使用，熟悉 GCC 编译器的使用，熟悉 GDB 调试器的使用。

第 5 章是文件分割和多文件编译，主要讲述函数，文件分割，make 工程管理器，autotools 的使用。

第 6 章是 Linux 环境下系统函数的使用，主要讲述数学函数的使用，字符测试函数的使用，系统时间与日期函数的使用，环境控制函数，内存分配函数，数据结构中常用函数。掌握 Linux 环境下系统函数的应用，尤其是时间函数、环境控制函数在程序设计中的应用。

第 7 章是文件的操作，主要讲述 Linux 系统文件的属性，不带缓存的文件 I/O 操作，带缓存的流文件 I/O 操作，其他文件的操作。了解 Linux 的文件结构、属性，熟悉系统调用，掌握文件的创建、读写、权限的修改等基本技能；了解流和 FILE 对象，熟悉流的打开、读和写操作；熟悉文件和目录的维护。

第 8 章是进程控制，主要讲述进程简介，Linux 进程控制，Linux 守护进程。了解 Linux 环境下的进程控制，了解进程的状态及其状态转换，了解进程的调度，熟悉进程的一般操作，熟悉进程的特殊操作。

第 9 章是进程间的通信，主要讲述信号及信号处理，管道，消息队列，共享内存。掌握 Linux 下进程通信，了解管道的概念，了解消息队列和管道，了解各个进程间如何实现共享内存；掌握进程通信中信号的概念以及信号的处理，熟悉并掌握进程间的管道通信编程。

第 10 章是网络程序设计，主要讲述 TCP/IP 概述，socket 编程，网络高级编程。了解网络程序设计，掌握端口及 socket 的基本概念，掌握设备驱动程序的设计方法、设备驱动程序的编译、模块加载与卸载的方法。

第 11 章是 Linux 的图形编程，主要讲述 Linux 的图形编程简介，安装和使用 SDL 图形开发库，初始化图形模式，基本绘图函数的应用，图片与文字显示，动画，三维绘图，游戏程序入门。

第 12 章是串行通信，主要讲述串行通信概述，串行通信程序的设计，对串口通信程序设计主要语句进行说明。

本书由重庆工程学院通信工程系团队联合重庆公共运输学院、武汉凌特等学校、企业组织编写，编写人员有重庆工程学院李成勇、赵友贵、卢瑛，重庆公共运输职业学院钟馨怡。在编写本书的过程中，我们以科学、严谨的态度，力求精益求精，但疏漏之处在所难免，敬请广大读者批评指正。

编 者

2020.10

/ 目 录

第1章 Linux 系统概述

Linux 操作系统是目前发展最快的操作系统之一，从 1991 年诞生到现在的近三十年时间，Linux 处于不断地完善中。目前，Linux 操作系统在服务器、嵌入式等方向获得了长足的进步，并在个人操作系统方面有着大范围的应用，这主要得益于其开放性。本章对 Linux 系统进行介绍，主要包含如下几个方面：

以时间为主线对 Linux 的发展进行介绍；分析 Linux 和 UNIX 操作系统的异同；介绍常用的几种 Linux 发行版本的特点；对 Linux 操作系统的系统架构进行简单的介绍；介绍了 GNU 通用公共许可证及其特点。

1.1 Linux 发展历史

Linux 操作系统诞生于 1991 年，目前已经成为主流的操作系统之一。Linux 中的 Ubuntu 从开始的 4.10 版本到目前的 2.6.20.10 版本经历了 20 多年的发展，成为在服务器、嵌入式系统和个人计算机等多个方面得到广泛应用的操作系统。

1.1.1 Linux 的诞生和发展

20 世纪 80 年代，随着计算机硬件的性能不断提高以及 PC 的市场不断扩大，当时可供计算机选用的操作系统主要有 Unix、DOS 和 MacOS 这几种。Unix 价格昂贵，不能运行于 PC；DOS 显得简陋，且源代码被软件厂商严格保密；MacOS 是一种专门用于苹果计算机的操作系统。因此在当时，计算机科学领域迫切需要一个更加完善、强大、廉价和完全开放的操作系统。由于供教学使用的典型操作系统很少，因此当时在荷兰当教授的美国人 AndrewS.Tanenbaum 编写了一个操作系统，名为 MINIX，为了向学生讲述操作系统内部工作原理。MINIX 虽然很好，但只是一个用于教学目的的简单操作系统，而不是一个强有力的实用操作系统，然而其最大的好处就是公开源代码。全世界学计算机的学生都通过钻研 MINIX 源代码来了解计算机里运行的 MINIX 操作系统，芬兰赫尔辛基大学二年级的学生 Linus Torvalds 就是其中一个，在吸收了 MINIX 精华的基础上，Linus 于 1991 年写出了属于自己的 Linux 操作系统，版本为 Linux0.01，这是 Linux 时代开始的标志。他利用 Unix 的核心，去除繁杂的核心程序，改写成适用于一般计算机的 x86 系统，并放在网络上供大家下载，并于 1994 年推出完整的核心 Version1.0，至此，Linux 逐渐成为功能完善、稳定的操作系统，并被广泛使用。

1.1.2　Linux 名称的由来

Linux 操作系统最初并不是该名字。Linus 给他的操作系统取的名字是 Freax，这个单词的含义是怪诞的、怪物、异想天开的意思。当 Torvalds 将他的操作系统上传到服务器 ftp.funet.fi 上的时候，该服务器的管理员 Ari Lemke 对 Freax 这个名称并不喜欢，所以将操作系统的名称改为了 Linus 的谐音 Linux，于是这个操作系统就以 Linux 流传下来。

在 Linus 的自传 *Just for Fun* 一书中，Linus 解释道："Ari Lemke，他十分不喜欢 Freax 这个名字，但喜欢我当时正在使用的另一个名字 Linux，并把我的邮件路径命名为 pub OS/Linux。我承认我并没有太坚持，但这一切都是他做的。所以我既可以无所谓地说自己不是那么以个人为中心，又有一点个人的荣誉感。而且个人认为，Linux 是个不错的名字。"实际上，早期的源文件中仍然使用 Freax 作为操作系统的名字，这可以从 Makefile 文件中看出此名称的一些蛛丝马迹。

1.1.3　Linux 的发展要素

Linux 操作系统是一种典型的 UNIX 克隆系统。在 Linux 诞生之后，借助于 Internet 网络，在全世界计算机爱好者的共同努力下，其成为目前世界上使用者最多的一种类 UNIX 操作系统。在 Linux 操作系统的诞生、成长和发展过程中，五个方面起了重要的作用：UNIX 操作系统、Minix 操作系统、GNU 计划、POSIX 标准和 Internet 网络。

1.1.4　UNIX 操作系统

UNIX 操作系统于 1969 年诞生于 Bell 实验室，它是由 Ken Thompson 和 Dennis Ritchie 在 DEC PDP-7 小型计算机系统上开发的一种分时操作系统。

Ken Thompson 开发 UNIX 操作系统的初衷是为了能在一台闲置的 PDP-7 计算机上运行星际旅行游戏，他在 1969 年夏天通过花费一个月的时间开发出了 UNIX 操作系统的原型。最开始，UNIX 操作系统使用的是 BCPL 语言（即通常所说的 B 语言），后来 Dennis Ritchie 于 1972 年使用 C 语言对 UNIX 操作系统进行了改写。当时 UNIX 操作系统在大学中得到广泛的推广，其授权被分发给多个商业公司。

Linux 是 UNIX 的一种克隆系统，它们采用了几乎一致的系统 API 接口。特别是网络方面，二者接口的应用程序几乎完全一致。

1.1.5　Minix 操作系统

Minix 操作系统也是 UNIX 操作系统的一种克隆系统，它由荷兰阿姆斯特丹自由大学著名教授 Andrew S Tanenbaum 于 1987 年开发完成。Minux 操作系统主要用于学生学习操作系统原理时教学使用，在当时大学中使用是免费的，但是其他用途则需要收费。目前，Minix 操作系统已全部为免费的，可以从许多 FTP 上下载，目前主要有 1.5 版本和 2.0 版本在使用。

由于 Minix 操作系统提供源代码，并且配套有高质量的教材，其在当时世界各地的大学中广受欢迎，Linus 就是参照此系统在 1991 年开发的 Linux。

1.1.6 POSIX 标准

POSIX（Portable Operating System Interface for Computing Systems，可移植操作系统接口）是由 IEEE 和 ISO/IEC 开发的一套标准，是对 UNIX 操作系统的经验和实践的总结，其对操作系统调用的服务接口进行了标准化，保证所编制的应用程序在源代码一级可以在多种操作系统上进行移植。

在 20 世纪 90 年代初，POSIX 标准的制定处于最后确定的投票阶段，而 Linux 正处于诞生时期。作为一个指导性的纲领性标准，Linux 的接口与 POSIX 相兼容。

1.1.7 Linux 与 UNIX 的异同

Linux 是 UNIX 操作系统的一个克隆系统，没有 UNIX 就没有 Linux。但是，Linux 和传统的 UNIX 有很大的不同，两者之间的最大区别在版权方面：Linux 是开放源代码的自由软件，而 UNIX 是对源代码实行知识产权保护的传统商业软件。两者之间还存在如下的区别：

（1）UNIX 操作系统大多数是与硬件配套的，操作系统与硬件进行了绑定；而 Linux 则可运行在多种硬件平台上。

（2）UNIX 操作系统是一种商业软件；而 Linux 操作系统则是一种自由软件，是免费的，并且公开源代码。

（3）UNIX 的历史要比 Linux 悠久，但是 Linux 操作系统由于吸取了其他操作系统的经验，其设计思想虽然源于 UNIX 但是要优于 UNIX。

1.2 Linux 操作系统发行版本和内核的选择

要在 Linux 环境下进行程序设计，首先要选择合适的 Linux 发行版本和 Linux 的内核，即选择一款适合自己的 Linux 操作系统。本节对常用的发行版本和 Linux 内核的选择进行了介绍，并简要叙述了如何定制自己的 Linux 操作系统。

1.2.1 不同公司发行的 Linux 的异同

Linux 的发行版本众多，曾有人收集过超过 300 种的发行版本。本书主要介绍常见的几种版本的异同，如表 1.1 所示。

表 1.1 常见不同公司发行的 Linux 的异同

版本名称	下载网址	特点	软件包管理器
Debian Linux	www.debian.org	是精简的 Linux 发行版，有着干净的作业环境，安装步骤简易有效，拥有方便高效的软件包管理程序，可以让用户容易查找、安装、移除、更新程序，具有健全的软件管理制度	up2date(rpm)，yum(rpm)
Fedora Core	www.redhat.com	拥有数量庞大的用户，具有优秀的社区技术支持，并有许多创新	rpm
CentOS	www.centos. org	Centos 是一种对 RHEL(Red Hat Enterprise Linux)源代码再编译的版本，由于 Linux 是开放源代码的操作系统，并不排斥基于源代码的再分发，Centos 就是将商业的 Linux 操作系统 RHEL 进行源代码再编译后分发，并在 RHEL 的基础上修正了不少已知的 Bug	YasT(rpm)，第三方 apt(rpm) 软件库 (repository)
SUSE Linux	www.suse.com	专业的操作系统，易用的 YasT 软件包，管理系统开放	
Mandriva	www.mandriva. com	操作界面友好，使用图形配置工具，有庞大的社区进行技术支持，支持 NTFS 分区大小的变更	rpm
Knoppix	www.knoppix. com	可以直接在 CD 上运行，具有优秀的硬件检测和适配能力，可作为系统的急救盘使用	apt
Gentoo Linux	www.gentoo. org	高度的可定制性，使用手册完整	portage
Ubuntu	www.ubuntu. com	优秀易用的桌面环境，基于 Debian 的不稳定版本构建	apt

1.2.2 内核版本的选择

内核是 Linux 操作系统的最重要的部分。从最初的 0.95 版本到目前的 5.1.1 版本，Linux 内核开发经过了近 30 年的时间，其架构已经十分稳定。

Linux 内核使用三种不同的版本编号方式。

第一种方式用于 1.0 版本之前（包括 1.0）。第一个版本是 0.01，紧接着是 0.02、0.03、0.10、0.11、0.12、0.95、0.96、0.97、0.98、0.99 和之后的 1.0。

第二种方式用于 1.0 之后到 2.6，数字由三部分 "A.B.C" 组成，A 代表主版本号，B 代表次主版本号，C 代表较小的末版本号。只有在内核发生很大变化时（历史上只发生过两次，1994 年的 1.0，1996 年的 2.0），A 才变化。可以通过数字 B 来判断 Linux 是否稳定，偶数的 B 代表稳定版，奇数的 B 代表开发版。C 代表一些 bug 修复、安全更新、新特性和驱动的次数。以版本 2.4.0 为例，2 代表主版本号，4 代表次版本号，0 代表改动较小的末版本号。在版本号中，序号的第二位为偶数的版本表明这是一个可以使用的稳定版本，如 2.2.5，而序号的第二位为奇数的版本一般有一些新的东西加入，是个不一定很稳定的测试版本，如 2.3.1。这样稳定版本来源于上一个测试版升级版本号，而一个稳定版本发展到完全成熟后就不再发展。

第三种方式从 2004 年 2.6.0 版本开始，使用一种 "time-based" 的方式。3.0 版本之前是一种 "A.B.C.D" 的格式。七年里，前两个数字 "A.B" 即 "2.6" 保持不变，C 随着新版本的发布而增加，D 代表一些 bug 修复、安全更新、添加新特性和驱动的次数。3.0 版本之后是 "A.B.C" 格式，B 随着新版本的发布而增加，C 代表一些 bug 修复、安全更新、新特性和驱动的次数。第三种方式中不再使用偶数代表稳定版、奇数代表开发版这样的命名方式。举个例子：3.7.0 代表的不是开发版，而是稳定版。

1.3 Linux 的系统架构

从应用角度来看，Linux 系统分为内核空间和用户空间两个部分。内核空间是 Linux 操作系统的主要部分，但是仅有内核的操作系统是不能完成用户任务的。具有丰富并且功能强大的应用程序包是一个操作系统成功的必要条件。

1.3.1 Linux 内核的主要模块

Linux 的内核主要由 5 个子系统组成：进程调度、内存管理、虚拟文件系统、网络接口、进程间通信。下面依次介绍这 5 个子系统。

1. 进程调度（SCHED）

无论是在批处理系统还是分时系统中，用户进程数一般都多于处理机数，这将导致它们会互相争夺处理机。另外，系统进程也同样需要使用处理机。这就要求进程调度程序按一定的策略，动态地把处理机分配给处于就绪队列中的某一个进程，以使之执行。Linux 使用了比较简单的基于优先级的进程调度算法来选择新的进程。

2. 内存管理（MMU）

嵌入式系统可包含多种类型的存储器件，如 FLASH，SRAM，SDRAM，ROM 等，这些不同类型的存储器件速度和宽度等各不相同；在访问存储单元时，可能采取平板式的地址映射机制对其操作，或需要使用虚拟地址对其进行读写；系统中需引入存储保护机制，以增强系统的安全性。为适应如此复杂的存储体系要求，ARM 处理器中引入了存储管理单元来管理存储系统。

3. 虚拟文件系统（VFS）

Linux 中允许众多不同的文件系统共存，如 ext2, ext3, vfat 等。通过使用同一套文件

I/O 系统调用即可对 Linux 中的任意文件进行操作而无须考虑其所在的具体文件系统格式；更进一步，对文件的操作可以跨文件系统而执行。

而虚拟文件系统正是实现上述两点 Linux 特性的关键所在。虚拟文件系统（Virtual File System, VFS），是 Linux 内核中的一个软件层，用于给用户空间的程序提供文件系统接口；同时，它也提供了内核中的一个抽象功能，允许不同的文件系统共存。系统中所有的文件系统不但依赖 VFS 来共存，而且也依靠 VFS 来协同工作。

为了能够支持各种实际文件系统，VFS 定义了所有文件系统都支持的基本的、概念上的接口和数据结构；同时实际文件系统也提供 VFS 所期望的抽象接口和数据结构，将自身的诸如文件、目录等概念在形式上与 VFS 的定义保持一致。换句话说，一个实际的文件系统想要被 Linux 支持，就必须提供一个符合 VFS 标准的接口，才能与 VFS 协同工作。实际文件系统在统一的接口和数据结构下隐藏了具体的实现细节，所以在 VFS 层和内核的其他部分看来，所有文件系统都是相同的。

4. 网络接口

在 Linux 中，网络接口配置文件用于控制系统中的软件网络接口，并通过这些接口实现对网络设备的控制。当系统启动时，系统通过这些接口配置文件决定启动哪些接口，以及如何对这些接口进行配置。在所有的网络接口中，人们最常用到的接口类型就是以太网接口。

5. 进程间通信

进程间通信就是指在不同进程之间传播或交换信息。进程的用户空间是互相独立的，一般而言是不能互相访问的，唯一的例外是共享内存区。另外，系统空间是"公共场所"，各进程均可以访问，所以内核也可以提供这样的条件。此外，还有双方都可以访问的外设。在这个意义上，两个进程当然也可以通过磁盘上的普通文件交换信息，或者通过"注册表"或其他数据库中的某些表项和记录交换信息。广义上这也是进程间通信的手段，但是一般都不被算作"进程间通信"。

1.3.2 Linux 的文件结构

与 Windows 系统的文件组织结构不同，Linux 不使用磁盘分区符号来访问文件系统，而是将整个文件系统表示成树状的结构，Linux 系统每增加一个文件系统都会将其加入这个树中。

Linux 操作系统文件结构的开始，只有一个单独的顶级目录结构，叫作根目录，如图 1.1 所示。所有一切都从"根"开始，用"/"表示，并且延伸到子目录。DOS/Windows 文件系统按照磁盘分区的概念分类，目录都存于分区上；Linux 则通过"挂接"的方式把所有分区都放置在"根"下各个目录里。

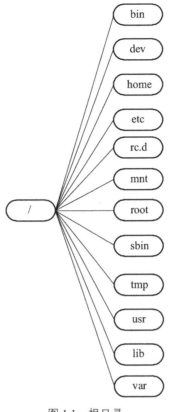

图 1.1　根目录

1.4　GNU 通用公共许可证

GNU 通用公共许可证（GNU GPL）是由自由软件基金会发行的用于计算机软件的一种许可证制度。GPL 最初是由 Richard Stallman 为 GNU 计划（自由软件集体协作计划）而撰写。目前，GNU 通行证被绝大多数的 GNU 程序和超过半数的自由软件采用。此许可证最新版本为"版本 3"，于 2007 年发布。GNU 宽通用公共许可证（LGPL）是由 GPL 衍生出的许可证，被用于一些 GNU 程序库。

1.4.1　GPL 许可证的历史

GPL 的"版本 1"，在 1989 年 1 月诞生。GPL 的出发点是代码的开源/免费使用和引用/修改/衍生代码的开源/免费使用,但不允许将修改后和衍生的代码作为闭源的商业软件发布和销售。这也就是为什么我们能使用免费的各种 Linux，包括商业公司的 Linux 和 Linux 上各种各样的由个人、组织以及商业软件公司开发的免费软件了。在 1990 年时，因为一些共享库的使用而出现了对 GPL 许可证制度更为宽松的需求，在 GPL"版本 2"基础上库通用许可证（Library General Public License，LGPL）也随之发布。LGPL 是 GPL

的一个为主要为类库使用而设计的开源协议，和 GPL 要求任何使用/修改/衍生之 GPL 类库的软件必须采用 GPL 协议不同，LGPL 允许商业软件通过类库引用（link）方式使用 LGPL 类库而不需要开源商业软件的代码。这使得采用 LGPL 协议的开源代码可以被商业软件作为类库引用并发布和销售。

1.4.2　GPL 的自由理念

软件的版权保护机制在保护发明人权益的同时，对软件的技术进步造成了影响。版权所有软件的最终用户几乎不能从所购买的软件中得到任何软件设计相关的权利（除了使用的权利），甚至可能限制像逆向工程等法律允许范围内的行为。与此对应，GPL 授予程序的接受方下述的权利，即 GPL 所倡导的"自由"：可以以任何目的运行所购买的程序；在得到程序代码的前提下，可以以学习为目的，对源程序进行修改；可以对复制件进行再发行；对所购买的程序进行改进，并进行公开发布。

1.4.3　GPL 的基本条款

GPL 许可证作为 Linux 平台软件的主要许可证，有很多独特的地方。GPL 授权的软件对使用者来说并不可以被无限制地使用，而是要遵循一定的规则，其中主要的一点就是开放源代码。使用 GPL 授权发布的商业软件，也并不是完全免费的，其盈利模式是采用收取服务费用的方式来获取利益。GPL 中的主要条款包括权利授予、著佐权。

1.4.4　关于 GPL 许可证的争议

使用 GPL 的许可证目前有很多争议，主要是对软件版权方面的界定、GPL 的软件传染性、商业开发方面的困扰等。比较有代表性的是对 GPL 软件产品的链接库使用的产品版权界定，即非 GPL 软件是否可以链接到 GPL 的库程序。

对于 GPL 开放源代码进行修改的产品演绎 GPL 的授权规定很明确，但是对于使用 GPL 链接库的产品是否是 GPL 演绎产品就存在很多定义，FSF（自由软件基金会）认为这种作品就是演绎作品，但是其他专家并不认同这种观点，分成了自由和开放源代码社区两派。这个问题其实不是技术问题，而是一个法律界定的问题，需要法律的案例来例证。

1.5　思考与实验

1. 请简述 Linux 系统的特点。
2. Linux 操作系统由哪几部分组成？请简述各个部分的主要功能。

第 2 章　Linux 的常用命令

本章介绍 Linux 中基本的命令行操作和文件系统。这些内容是使用 Linux 的基础，也是精通 Linux 的必经之路。shell 是 Linux 中的一个命令行解释器，是和 Linux 内核交流的桥梁。Linux 的文件系统就数据存储的位置和使用的技术而言，与 Windows 系统是不同的，而且拥有非常细致的文件访问权限控制。

2.1　Linux 命令格式

Linux 命令列通常由若干个字符串组成，中间用空格键分开，如下所示：

command options arguments(或 parameters)

命令　　　 选项　　　 参数

例如：

rm –rf /home/ols3

一般的 Linux 使用者均为普通用户，而系统管理员一般使用超级用户账号完成一些系统管理的工作。需要注意的是，不同的用户登录其终端后的提示符略有不同。

Linux 系统以全双工的方式工作，即用户通过键盘把字符输入系统，系统再将字符回送到终端并显示出来。通常，回送到终端的字符与输入字符相同，因此操作人员看到的正是自己输入的字符。但有些时候，系统不回送符号。

键盘上大多数字符是普通打印字符，它们没有特殊含义，只有少数特殊字符指示计算机做专门的操作。其中最常见的特殊字符是回车键 Enter，它表示输入行结束；系统在收到回车键信息后便认为输入的当前行结束，其响应是让屏幕光标回到下一行行首。

回车符只是控制符的一种。控制符是指控制终端工作方式的非显示字符。输入一般控制符时必须先按下控制键，即【Ctrl】键，然后再按所对应的字符键。

2.2　用户管理命令

1. 登录命令（login）和注销命令（logout）

登录或重新登录系统命令：

login

退出或注销用户的命令：

logout

exit

提示：可以直接按【Ctrl+D】退出或注销用户。

2. 添加和更改用户命令

1）添加用户

系统刚完成安装时，只有 root 用户。由于 root 用户拥有系统的所有权限，直接使用 root 用户容易因操作失误而引起系统损坏。因此，建议为每一个用户创建一个账号，用户应以自己的账号登录。

以 root 用户登录后，用 adduser 命令为新用户创建账号。

操作方法：在 root 账号提示符下输入命令 adduser，按系统提示依次输入新账号的名称、用户全称、用户的身份信息和电话、主目录以及口令等信息，即可创建一个新账号。

2）转换用户

一般情况下，登录其他账号前必须退出当前的用户账号。在 Linux 中，可以在不退出当前账号的情况下登录另一个用户，可用 su 命令在用户间进行转换。

su 命令的格式：su [-] [用户名]

执行 su 命令时，系统提示用户输入口令。若输入的口令不正确，程序将给出错误信息后退出；若 su 命令后面不跟用户名，系统则默认为转换到超级用户（root 用户）。执行 su 命令后，当前的所有环境变量都会被传送到新用户状态下。su 命令就可以在不退出当前用户的情况下，转到超级用户去执行一些普通用户无法执行的命令，命令执行完成后可将命令执行结果带回当前用户。

sudo 命令可以无须登录超级用户而直接执行某些超级用户的命令，但需要事先给这些用户部分特权，以能够执行某些系统命令。

3. 修改用户密码命令

用 passwd 命令可以修改用户口令。由于用户口令必须由用户本人设置，因此，用 passwd 命令修改的是当前用户的口令。

输入 passwd 命令后，系统提示用户输入旧口令，检验通过后才提示输入新口令。

4. 删除用户 userdel

1）语法

userdel [-r] user

2）选项列表

选项说明：

-help：显示帮助文档；

-version：显示命令版本；

-r：删除用户的同时，删除其相关文件。

3）实例

（1）不使用选项，删除用户。

```
[root@localhost david]# userdel test01          //删除用户
[root@localhost david]# ls /home/               //相关文件还存在
david    test01    user01    weijie
```
（2）删除用户所有信息。
```
[root@localhost david]# userdel -r user02        //删除用户，使用-r
```

5. 关机命令（终止或重启系统的命令）

命令格式：shutdown   [-r] [-h] [-c] [-k]   [[+]时间]

含义如下：

-r：表示系统关闭后将重新启动；

-h：表示系统关闭后将终止而不重新启动；

-c：取消最近一次运行的 shutdown 命令；

-k：只发出警告信息而不真正关闭系统。

[+]时间：表示到达指定时间后关闭系统，而"时间"表示在指定时间关闭系统，时间可以是 13:00 或 now 等。

例如：shutdown –r now   //表示马上关闭并重新启动。

　　　shutdown –h +10   //表示 10 分钟后关闭并终止。

在 Linux 中，绝对不要直接关机或直接按面板上 Reset 键重新启动计算机。一般应先用 shutdown 命令关闭系统，然后再关机或重新启动计算机。可以用【Ctrl+Alt+Del】复合键重新启动计算机。

6. 获取用户和系统信息的命令

whoami 命令：在屏幕上显示用户 id；

hostname 命令：显示登录上的主机的名字；

uname 命令：显示关于运行在计算机上的操作系统的信息；

uptime 命令：显示系统的运行时间；

date 命令：显示当前系统时间。

2.3　文件系统命令

2.3.1　Linux 文件

从资源管理角度来看，操作系统是计算机中软、硬件资源管理者。其中软件资源管理部分称为文件系统，主要负责信息的存储、检索、更新、共享和保护。

文件是操作系统用来存储文件信息的基本结构，它是操作系统在分区上保存信息的方法和数据结构。

Linux 系统中的文件和 Windows 系统中的文件一样，也包括文件名和扩展名。若文件名的第 1 个字符为"."，表示该文件为隐藏文件。Linux 系统中文件名是区分大小写的，而 Windows 中文件名字是保留大小写但不区分的。

使用"ls –l"命令显示文件列表时如图 2.1 所示，共显示 9 个部分，其中第 1 部分表示文件的类型和权限，而第 1 个字符代表文件的类型，可以为 p、d、l、s、c、b 和-，各文件类型，分别如下：

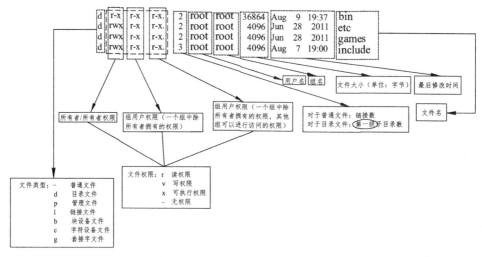

图 2.1　使用"ls –l"命令显示文件列表

1. 文件类型

（1）普通文件（-）：用于存放数据、程序等信息的一般文件，包括文本文件和二进制文件。

（2）目录文件（d）：相当于 Windows 系统中的文件夹，是由该目录所包含的目录项所组成的文件。

（3）套接字文件（s）：套接字文件系统是一个用户不可见的、高度简化的、用于汇集网络套接字的内存文件系统，它没有块设备，没有子目录，没有文件缓冲，借用虚拟文件系统的框架来使套接字与文件描述字具有相同的用户接口。当用户用 socket（family, type, protocol）创建一个网络协议族为 family、类型为 type、协议为 protocol 的套接字时，系统就在套接字文件系统中为其创建了一个名称为其索引节点编号的套接字文件。

（4）块设备文件（b）：存取是以一个字块为单位。普通文件的处理不需要对硬件做过多操作，而字符型设备和块设备就不同了，所以是以特别形式文件出现。/dev/cdrom、/dev/fd0、/dev/hda 都是磁盘（光驱，软驱，主硬盘），它们的存取是通过数据块来进行的。

（5）字符设备文件（c）：存取数据时是以单个字符为单位的。/dev/audio 是字符设备文件，对 audio 的存取是以字节流方式来进行的。

（6）命名管道文件（p）：负责将一个进程的信息传递给另一个进程，从而使该进程的输出成为另一个进程的输入。

（7）符号链接文件（l）：符号链接又叫作软链接，这个文件包含了另一个文件的路径名。其可以是任意文件或目录，可以链接不同文件系统的文件。

用 ln-s source_file softlink_file 命令可以生成一个软连接，在对符号文件进行读或写操作的时候，系统会自动把该操作转换为对源文件的操作。

但删除链接文件时，系统仅仅删除链接文件，而不删除源文件本身。删除软链接用 rm softlink_file 或者 unlink softlink_file。

在当前工作目录中执行"ls –l"命令，可以看出该目录中的文件主要是普通文件和目录文件，如图 2.2 所示。再执行"ls –l /dev"命令，可以看出大部分文件为设备文件，如图 2.3 所示。

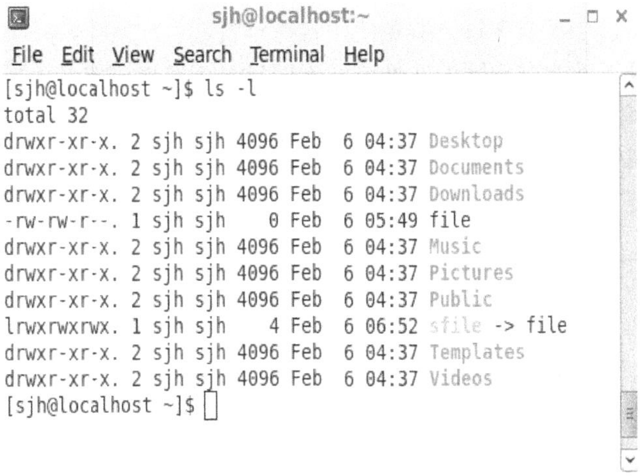

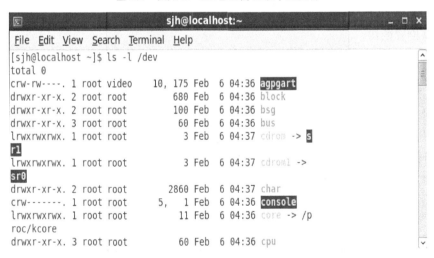

图 2.2　使用 ls –l 查看当前目录中的文件

图 2.3　使用 ls –l 查看/dev 中的文件

Linux 系统约定不同类型文件默认的颜色：

白色：表示普通文件；

蓝色：表示目录；

绿色：表示可执行文件；

红色：表示压缩文件；

浅蓝色：链接文件；

红色闪烁：表示链接的文件有问题；

黄色：表示设备文件；

灰色：表示其他文件。

2．文件命名

文件命名应该遵循以下规则：

（1）由字母（可用汉字）、数字、下画线、圆点等字符构成。

（2）长度不超过 255 个字符，避免使用特殊字符？、*、\、$等。

（3）同一目录下不能有相同的文件名，不同目录下可以同名。

（4）圆点.在第一位置时表示隐含文件。

（5）文件的属性与取名无关，文件名中不规定扩展名。

（6）应区分英文字符的大小写。比如 myfile，Myfile 和 myFILE 表示的是三个不同的文件。

注意：

Linux 系统的文件名由字符和数字组成，其中字符可以是大小写英文字母或其他 Unicode 编码的文字和符号。但不能包括 "*" "?" 和 "[ ]" 文件名通配符。

Linux 系统的文件名也有类似其他操作系统的扩展名，在文件名最后一个 "." 后的内容即是扩展名。例如，C 语言源文件的扩展名是 ".c"，头文件的扩展名是 ".h"。

Linux 文件系统采用带链接的树形目录结构，即只有一个根目录。根目录可含有下级子目录或文件，子目录中又可含有更下级的子目录或者文件，这样一层一层地延伸下去，构成一棵倒置的树。

3．目录、路径基础

1）目录

目录是指包含许多文件项目的一类特殊文件，包括子目录、父目录、工作目录、用户主目录。

2）路径

由目录名和 "/"（斜杠）做分隔符组成的字符串，用来表示文件或目录在文件系统中所处的层次的一种方法。路径又分为绝对路径和相对路径。

3）"."表示当前目录，".."表示父目录。

当登录到 Linux 系统时，一般情况下，用户会登录到默认的目录下（/home/用户名），这个目录称之为普通用户的默认主目录（home directory）或登录目录（login directory）。任意时刻用户当前所在的目录称为当前目录（current directory）或工作目录。

2.3.2 文件目录管理命令

1．pwd 命令

显示当前的工作目录(print working directory)。

2. 改变当前目录(change directory)

cd 或 cd~：进入登录时的主目录；

cd /：进入根目录；

cd ..：进入上一级目录；

cd /home：进入系统的 home 目录；

cd home：进入当前目录下的 home 目录。

3. 创建目录命令

mkdir DirecName

4. 删除目录命令

rmdir DirecName

5. 目录重命名命令

mv SourceDirecName TargetDirecName

mv kk tt

6. 目录拷贝命令

cp SourceDirec TargetDirec

-r：拷贝目录下的文件、子目录及子目录下的文件

7. 显示目录内容命令

ls [选项]

-a：显示当前目录下的所有文件，包括以"."开头的文件。

-l：以长列表的形式列出文件的详细信息，如创建者、创建时间、文件的读写权限等。

-F：在每一个文件的末尾加上一个字符说明该文件的类型。"@"表示符号链接、"|"表示 FIFOS、"/"表示目录、"="表示套接字。

-s：在每个文件的后面打印出文件的大小。

-t：按时间进行文件的排序，时间由近及远排序。

-A：列出除了"."和".."以外的文件。

-R：将目录下所有的子目录的文件都列出来，相当于编程中的"递归"实现。

-L：列出文件的链接名。

-S：以文件的大小进行排序。

-h：与-l 参数合用，以可读取的方式显示文件大小，如 1 kB，2 MB。

--full-time：列出完整的日期与时间。

--color=auto：让输出的内容按照类别显示颜色。

2.3.3 Linux 文件系统

文件系统是与管理文件有关的所有软件和数据的集合。使用文件系统可以方便地组

织和管理计算机中所有的文件，为用户提供存取控制和操作方法，并为用户使用各种硬件资源提供统一的接口。

1. 文件系统类型

Linux 的最重要特征之一就是支持多种文件系统，可以和许多操作系统共存。Virtual File System（虚拟文件系统）使得 Linux 可以支持多个不同的文件系统。

Minix：最古老、最可靠的文件系统。

Xia：Minix 的修正版。

Ext：ext2 的老版本。

Ext2：诞生于 1993 年，功能强大，方便安全。

Ext3：Ext2+log 是 Linux 通用的文件系统，是 Ext2 的增强版本，它强化了系统的日志功能。

Ext4：是一种针对 Ext3 系统的扩展日志式文件系统，是专门为 Linux 开发的原始的扩展文件系统（Ext 或 Extfs）的第四版。Ext3 升级到 Ext4 能为系统提供更高的性能，消除存储限制，获取新的功能，并且不需要重新格式化分区，Ext4 会在新的数据上用新的文件结构，旧的文件保留原状。

Smb：是一种支持 Windows for Workgroups、Windows NT 和 Lan Manager 的基于 SMB 协议的网络文件系统。

NFS：网络文件系统。

Msdos：与 Msdos、OS/2 等 FAT 文件系统兼容。

Vfat：与 Windows 中通用的 fat16 或 fat32 文件系统兼容。

Umsdos：Linux 下的扩展 msdos 文件系统。

ISO9660：CD-ROM 标准文件系统。

HPFS：OS/2 文件系统。

SYSV：UNIX 最常用的 System V 文件系统。

2. Linux 文件系统结构

Linux 采用与 Windows 完全不同的独立文件系统存储方式。

Linux 的文件系统采用分层结构，其顶层为根目录，用符号"/"表示，在根目录下是不同的子目录。

这个树状结构构成 Linux 中的文件系统，如图 2.4 所示，该结构管理组织系统的所有文件。

Linux 文件系统常用目录说明：

/：Linux 系统目录树的起点。

/root：系统管理员（也叫超级用户）的主目录。

/boot：这里存放的是启动 Linux 时使用的一些核心文件。

/bin：bin 是 binary 的缩写。这个目录存放着使用者最经常使用的命令，如 cp、ls、cat 等。

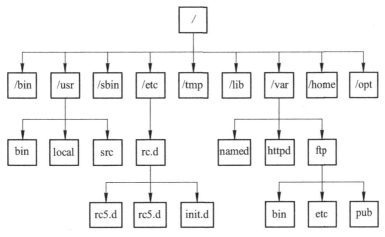

图 2.4　文件目录布局

/home：用户的主目录，比如说有个用户叫作 sy，那么其主目录就是/home/sy。注意：root 用户的目录不在这里，而在/root 里。

/dev：dev 是 device（设备）的缩写。这个目录下是 Linux 所有的外部设备，在 Linux 中设备也是文件，使用访问文件的方法访问设备。例如：/dev/sda 代表第一个物理 SCSI 硬盘。

/lib：这个目录里存放着系统最基本的动态链接共享库，其作用类似于 Windows 里的.dll 文件。几乎所有的应用程序都需要用到这些共享库。

/etc：这个目录用来存放系统管理所需要的配置文件和子目录。

/mnt：这个目录在刚安装好系统时是空的，系统提供这个目录的目的是让用户临时挂载别的文件系统。

/usr：这是最庞大的目录，我们要用到的应用程序和文件几乎都存放在这个目录下。

/sbin：s 就是 super user（超级用户）的意思，也就是说这里存放的是系统管理员使用的管理命令和管理程序。

/lost+found：这个目录平时是空的，当系统不正常关机后，如果内核无法确定一些文件的正确位置，就将它们存放在这个目录中。

/tmp：用来存放临时文件的地方。

/var：这个目录中存放着那些不断在扩充着的内容，为了保持/usr 的相对稳定，那些经常被修改的目录可以放在这个目录下，系统的日志文件就在/var/log 目录中。

/proc：这个目录是一个虚拟的目录，它是系统内存的映射，我们可以通过直接访问这个目录来获取系统信息。也就是说，这个目录的内容不是在硬盘上而是在内存里。

3. 文件的链接

Linux 允许一个物理文件有一个以上的逻辑名，即可为一个文件创建一个链接文件，用来表示该文件的另一个名字。链接不同的文件可为之指定不同的访问权限，达到既可共享、又可控制安全的目的。链接分为硬链接和软链接。

硬链接：硬链接复制文件 i-node，也就是保留所链接文件的索引节点（磁盘的物理位置）信息，即使文件更名或改变、移动，硬链接文件仍然存在。

软（符号）链接：软（符号）链接仅仅是指向目的文件的路径，类似于 Windows 下的快捷方式，如果被链接的文件更名或移动，符号链接文件就无任何意义。

ln 链接命令：

硬链接格式：ln 源文件 链接文件

软链接格式：ln -s 源文件 链接文件

例如：

ln result.txt result1

ln −s result.txt result2

ls -il

注意：软链接可以指向目录，不允许将硬链接指向目录。

ln −s /root aaa

2.3.4 桌面环境下文件目录的基本操作

桌面环境下用户启动文件管理器 Nautilus 或 Konqueror，可以查看文件、目录信息，使用菜单命令或快捷菜单对文件目录进行创建、复制、重命名、删除、修改属性、建立链接、挂载、卸载磁盘文件等操作。

1. 文件、目录基本操作

在 GNOME 桌面环境下，双击打开某一文件夹，在该文件夹的主窗口中显示当前目录下的文件、目录基本信息，选中某个文件或文件夹后右击，弹出快捷菜单，如图 2.5 所示。

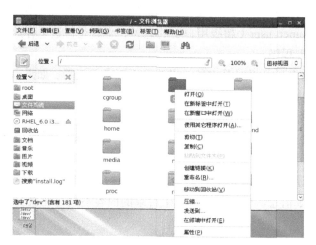

图 2.5 主文件夹的快捷菜单

选中其中相应菜单项可对文件、目录进行打开、复制、重命名、删除、修改属性、创建链接等操作。另外，选中某个文件或文件夹后也可以点击菜单栏中的"编辑"，在弹出下拉菜单上也可以完成上述操作。

2. 查找文件

在 GNOME 桌面环境下查找文件，有两种方法：

（1）打开文件浏览器，依次单击"转到"→"搜索文件"菜单项，打开"搜索文件"窗口，如图 2.6 所示。

（2）打开菜单"位置"→"搜索文件"。例如：在整个文件系统中搜索所有者为 root 用户的.txt 文件。

图 2.6　搜索文件窗口

2.4　文件、目录权限管理

Linux 是多用户的操作系统，它通过设定一定的安全访问机制来设定文件目录的权限，并对权限进行管理。

2.4.1　文件、目录权限概述

1. 文件、目录访问权限

1）文件

读（r）：允许读文件的内容。

写（w）：允许向文件中写入数据。

执行（x）：允许将文件作为程序执行。

2）目录

读（r）：允许查看目录中有哪些文件和目录。

写（w）：允许在目录下创建（或删除）文件、目录。

执行（x）：允许访问目录（用 cd 命令进入该目录，并查看目录中可读文件的内容）。

2. 用户分类

文件所有者（owner）：建立文件、目录的用户。

同组用户（group）：属于同一组群的用户对属于该组群的文件有相同的访问权限。

其他用户（other）：除了文件所有者、同组用户的其他用户。

在 Linux 中，将文件访问权限分为 3 类用户进行设置：文件所有者（u）、与文件所有者同组的用户（g）和其他用户（o）。对于每一类用户，又可以设置读（r）、写（w）和执行（x）3 种权限，这样在 Linux 下对于任何文件或者目录的访问权限都有 3 组。

执行 ls –l 命令可以查看到文件的权限信息。

3. 访问权限的表示

通常有两种方式表示：字母表示和数字表示。字母表示如图 2.7（a）所示。为了使用方便简捷，权限也可以用数字表示，如图 2.7（b）所示。

（a）字母表示

权限	二进制	八进制	权限	二进制	八进制
---	000	0	r--	100	4
--x	001	1	r-x	101	5
-w-	010	2	rw-	110	6
-wx	011	3	rwx	111	7

（b）数字表示

图 2.7　权限表示

可以使用数字进行文件权限的划分，其中 r=4、w=2、x=1、-=0，这样 rwx 这组权限就是 4+2+1=7，r-x 这组权限就是 5，/home 的权限就可以用 755 表示。

2.4.2　文件、目录权限命令

1. chmod 命令

1）命令格式 1

chmod n1n2n3 <文件|目录>

功能：为指定文件或目录修改给定的数值访问权限。其中 n1 代表所有者的权限，n2 代表同组用户的权限，n3 代表其他用户的权限。

选项：n1n2n3 三位数字表示的文件访问权限。

2）命令格式 2

chmod [ugoa][+-=][rwxugo] <文件名或目录名>

功能：修改文件或目录的访问权限。

选项：

（1）用户标识。

u：所有者；

g：同组；

o：其他人；

a：所有的人员。

（2）设定方法。

+：增加权限；

-：删除权限；

=：分配权限，同时删除旧的权限。

（3）权限字符。

r：读；

w：写；

x：执行；

u：和所有者的权限相同；

g：和所同组用户的权限相同；

o：和其他用户的权限相同。

3）修改文件权限举例

要求：新建 a.txt 文件并将该文件设置为所有者拥有全部权限，其他人拥有执行权限。

修改方法：

字母表示法：chmod u=rwx，go=x a.txt

数字表示法：chmod 711 a.txt

这两条命令的效果是一样的。

2. chown 命令

格式：# chown [-R] <用户[：组]> <文件或目录>

功能：更改属主和组。

选项：

-R：对目录及其子目录进行递归设置。

例如：

chown sjh：sjh result.txt

3. umask 命令

格式：umask [mask]

功能：设置文件或目录的默认权限。

当用户创建文件或目录后，系统将设置一个默认权限，可通过命令 umask 查看或设置系统默认的权限。umask 用 1 个 3 位二进制数来指定，由命令的 mask 可看出这是要屏蔽部分权限。当创建文件时，文件的权限就设置为创建程序请求的任何权限去掉 umask 屏蔽的权限。

由于系统默认屏蔽的权限为 022，因此创建文件或目录其权限就为 777-022=755，即新创建的文件的权限为 755（用字符表示就是 rwxr-xr-x），表示所有者具有所有权限，同组用户和其他用户具有读和执行权限，没有写的权限。

4．chgrp 命令

格式：chgrp group file

功能：改变文件或目录组群。

group：组别名或组别代号。

2.4.3　桌面环境下修改文件权限

在桌面环境下选中需要修改文件权限的文件、文件夹（目录），右击弹出快捷菜单，选中文件"属性"对话框，如图 2.8 所示。在"基本"选项卡中修改文件名，并可修改文件图标；在"权限"选项卡显示修改文件的权限。

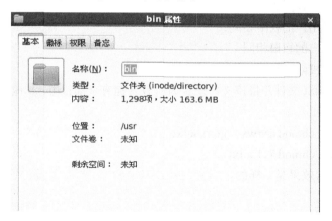

图 2.8　属性窗口-基本选项卡

2.5　文件操作命令

2.5.1　文件显示命令

1．cat 命令

cat 命令用来连接文件并打印到标准输出设备上。

1）一般格式

cat　[选项] 文件名 1　[文件名 2]

2）说明

这些参数用来显示文件的内容。

-n 或 --number：由 1 开始对所有输出的行数编号；

-b 或 --number-nonblank：与-n 相似，只不过对于空白行不编号；

-s 或 --squeeze-blank：当遇到有连续两行以上的空白行，就代换为一行的空白行。

3）举例

用 cat 命令显示 clear.txt 文件内容：

[root@localhost/root]$cat clear.txt

把 textfile1 的文件内容加上行号后输入 textfile2 这个文件里：

cat -n textfile1 > textfile2

把 textfile1 和 textfile2 的文件内容加上行号（空白行不加）之后，将内容附加到 textfile3 里：

cat -b textfile1 textfile2 >> textfile3

2. more 命令

如果文件太长，用 cat 命令只能看到文件的最后一页，而用 more 命令时可以一页一页地进行显示，按空白键【Space】就往下一页显示，按【B】键就会往上一页显示。

1）一般格式

more [选项] 文件名

2）参数

-num：一次显示的行数。

3）举例

以每页 10 行的格式显示文件 chap.txt：

[root@localhost/root]#more –10 clear.txt

3. less 命令

与 more 命令一样，less 命令也用来分屏文件内容，但功能比 more 命令还强大。

1）一般格式

less [选项] 文件名

2）说明

less 实际上是 more 的改进版。

4. head 命令

head 命令在屏幕上显示指定文件的开头若干行。

1）一般格式

head [参数] 文件名

2）说明

head 命令在屏幕上显示指定文件的开头若干行，行数由参数值来确定。显示行数的默认值是 10。

5. tail 命令

tail 命令在屏幕上显示指定文件的末尾若干行。

1）一般格式

tail [参数] 文件名

2）说明

显示文件的最后部分内容。

3）举例

显示 cd.txt 文件的最后 10 行。

[root@localhost/root]#tail cd.txt

2.5.2 复制、删除和移动文件的命令

1. cp 命令

1）一般格式

cp [选项] 源文件或目录 目标文件或目录

2）说明

cp 命令将源文件或目录复制拷贝到目标文件或目录中。

3）参数

-a：相当于-pdr 的意思；

-d：若来源文件为链接文件的属性（link file），则复制链接文件属性而非档案本身；

-f：若有重复或其他疑问时，不会询问使用者，而强制复制；

-i：若目标文件（destination）已经存在时，在覆盖时会先询问是否真的动作；

-l：进行硬式链接（hard link）的链接文件建立，而非复制档案本身；

-p：连同档案的属性一起复制过去，而非使用预设属性；

-r：递归持续复制，用于目录的复制行为；

-s：复制成为符号连结文件（symbolic link），亦即"快捷方式"档案。

4）举例

将文件 m3.c 复制到目录/usr/wuxy/tem 下，并改名为 m3bak.c：

[root@localhost/root]#cp m3.c /usr/wuxy/tem/m3bak.c

2. rm 命令

1）一般格式

rm [选项] 文件列表

2）说明

该命令可以删除一个目录中的一个或多个文件或目录，也可以将某个目录及其下属的所有文件及其子目录均删除。

3）参数

-f：强制删除文件或目录；

-i：删除既有文件或目录之前先询问用户；

-r：递归处理，将指定目录下的所有文件及子目录一并处理。

4）举例

交互式删除当前目录下的文件 test 和 example：

[root@localhost/root]#rm -i test example

3. mv 命令

1）一般格式

mv [选项] 源文件 目标文件

2）说明

该命令用来移动文件或目录，同时还可以在移动的同时修改文件名或目录名。

3）参数

-f 或--force：若目标文件或目录与现有的文件或目录重复，则直接覆盖现有的文件或目录；

-i 或--interactive：覆盖前先行询问用户；

-v 或--verbose：执行时显示详细的信息。

4. 举例

将文件 m3.c 改名为 m3b.c。

[root@localhost/root]#mv m3.c m3b.c

2.5.3 匹配、排序命令

1. grep 命令

该命令用来在文本文件中查找指定模式的单词或短语，并在标准输出上显示包括给定字符串模式的所有行。

1）一般格式

grep [选项] 文件名

2）说明

grep 命令在指定文件中搜索特定模式以及定位特定主题等方面用途很大。

3）举例

在口令文件/etc/passwd 中查找包含 "wuxy" 的所有行：

[root@localhost /root]#grep –f wuxy /etc/passwd

54:wuxy:x:504:504:wuxueyi:/home/wuxy:/bin/bash

2. find 命令

在目录结构中搜索满足查询条件的文件，并执行指定的操作。

1）一般格式

find [路径…][表达式]

2）说明

find 命令从左向右分析各个参数，然后依次搜索目录。

3）举例

查找当前目录中所有以 m 开头的、后随一个字母或数字的.c 文件：

[root@localhost /root]#find . -name m?.c

3. sort 命令

sort 命令用于对文本文件的各行进行排序。

1）一般格式

sort [选项] 文件列表

2）说明

sort 命令将逐行对指定文件中的所有行进行排序，并将结果显示在标准输出上。

3）举例

系统中有文件 a.c，它的内容为：

x

f

b

e

e

I

下面对 a.c 进行排序：

[root@localhost /root]#sort a.c

执行完命令后，a.c 的内容为：

b

e

e

f

I

X

4. uniq 命令

该命令显示文件中所有不重复的行。

1）一般格式

uniq [选项] 文件

2）说明

uniq 命令读取输入文件，并比较相邻的行，去掉重复的行，只留下其中的一行。

3）举例

显示文件 a.c 中不重复的行：

[root@localhost /root]# uniq –u a.c

2.5.4 创建文本文件的命令

1. gedit 命令

新建一个文本文件（.txt 文件），并在文件里面输入内容，或者用来打开或编辑已有的文本文件。

注意：gedit 命令不能用来创建一个空的文本文件。

创建一个文件名为 file.txt 的文本文件：gedit file.txt

2. vi 命令

新建一个文本文件（.txt 文件），并在文件里面输入内容，或者用来打开或编辑已有的文本文件。

创建一个文件名为 file.txt 的文本文件：vi file.txt

3. touch 命令

新建一个空的文本文件（.txt 文件），如果要在新的空白文件里面输入内容，需要借助于 gedit 命令或 vi 命令打开空白文件，然后再在文本编辑器中进行编辑。

创建一个文件名为 file.txt 的空白文本文件：touch file.txt

批量创建文件：touch file{1, 2, 3}.txt

注意：touch 命令不能直接用来打开已有的文本文件，也不能对已有的文本文件进行编辑。

2.6 Linux 中的硬盘

1. 硬盘分区介绍

在 Linux 操作系统安装过程中，必须对硬盘进行分区操作，并将分区格式化为不同的文件系统之后，硬盘才可以挂载使用。本小节将通过命令方式为新增的硬盘进行分区和格式化操作。

硬盘的分区分为主分区和扩展分区。一个硬盘最多可以划分为 4 个主磁盘分区，这时不能再创建扩展分区。一个硬盘中最多只能创建一个扩展分区，扩展分区不能直接使用，必须在扩展分区中再划分出逻辑分区才可以使用。

逻辑分区是从 5 开始的，每多 1 个分区，数字就加 1。因此，如果想拥有超过 4 个分区数，合理的分区结构应该是：先划分出不超过 3 个的主分区，然后创建 1 个扩展分区，再从扩展分区中划分出多个逻辑分区。

2. 硬盘标识

Linux 系统安装好后，整个磁盘和每个分区都被 Linux 表示为/dev 目录中的文件，硬盘类型不同，其标识也不同。

1）IDE 硬盘

驱动器标识符为 hd[a-d]*。hd 表示硬盘类型为 IDE；中括号中的字母为 a、b、c、d 中的一个，a 是基本盘，b 是从盘，c 是辅助主盘，d 是辅助从盘；*指分区，即主分区和扩展分区。例如：hda1 代表第 1 个 IDE 硬盘上的第 1 个分区；hdb5 代表第 2 个 IDE 硬盘的第 1 个逻辑分区。

2）SCSI 硬盘

驱动器标识符为 sd[a-d]*。sd 表示 SCSI 硬盘。SCSI 的引导盘使用设备文件/dev/sda1、/dev/sda2、/dev/sda3、/dev/sda4 作为主分区，而以/dev/sda5 等作为扩展分区。

3. 为新硬盘分区

1）查看系统中的新硬盘

在系统中增加 SCSI 硬盘，重新启动计算机，即可在/dev 目录中看到新的硬盘设备文件。

执行 ls /dev/sd*命令后，可看到 3 块 sd 开头的硬盘，其中 sdc 是新增加的硬盘。

2）查看分区

使用 fdisk 命令可以查看指定硬盘的分区情况，也可以对硬盘进行分区操作。执行 fdisk –l /dev/sda 命令后可看到第 1 块硬盘的分区情况，它包含 3 个主分区，1 个逻辑分区。其中，第 1 个分区是启动分区（Boot 字段为*）。

对新增硬盘 sdc 使用 fdisk 查看分区，提示用户该设备没有分区表，需要进行分区操作。

3）创建主分区

输入 fdisk /dev/sdc 命令，进入分区界面，输入字母 m 可显示帮助信息。

输入 n 增加一个新的分区，程序提示用户选择创建主分区还是扩展分区，这里我们先创建主分区，因此输入 p，输入分区编号 1，建立第 1 个主分区，然后在新分区的起始柱面处直接按【Enter】键使起始柱面为 1，在新分区的结束柱面处，输入+1000M，表示新建分区的大小为 1 000 MB。

创建好分区之后，输入命令字符 p 可以查看分区表的情况，可看出 fdisk 命令将分区的结束柱面调整到了 128。

4）创建扩展分区

输入增加分区的命令字符 n，接着输入字符 e 来创建一个扩展分区。输入分区号 2，输入分区的起始柱面，直接按【Enter】键使用默认值，在结束柱面处直接按【Enter】键使用默认值，让扩展分区占用所有的未分区空间。

输入字符命令 p，从分区情况可以看出/dev/sdc2 的分区类型为 Extended（扩展分区）。

5）创建逻辑分区

新建的扩展分区并不能直接使用，必须将其划分为逻辑分区。输入字符 n，此时将不会显示扩展分区字符 e，取而代之的是逻辑分区字符 l。输入 l，直接按【Enter】键输入分区的起始柱面，在结束柱面处输入+1000M。

用类似的方法创建其余 4 个逻辑分区，最后输入字符命令 p，查看分区的情况。

扩展分区的设备名为/dev/sdc2，在该分区下包含 5 个逻辑分区，在实际应用中不能直接访问/dev/sdc2 中的数据，而只能通过逻辑分区进行访问。逻辑分区的编号是从 5 开始的，所以 5 个逻辑分区的名字分别为/dev/sdc5、/dev/sdc6、/dev/sdc7、/dev/sdc8、/dev/sdc9。

最后输入字符 w，保存分区修改并退出 fdisk 程序。

6）修改分区类型

新创建的分区类型默认为 Linux 类型，下面我们使用 fdisk 的 t 选项来修改分区类型，将/dev/sdc9 改为 swap 分区。具体步骤为：执行 fdisk /dev/sdc 命令，输入 p 显示分区信息，输入 t 修改分区类型，输入分区序号 9，输入分区类型的代码，输入大写字母 L 可显示不同分区类型对应的编号；在此输入 82 ，输入 p 命令字符，可以看到/dev/sdc9 的分区类型已经改为 Linux swap 分区，输入 w 保存分区，退出 fdisk 程序。

7）格式化分区

创建好分区以后，在/dev 目录中将看到对应分区的设备名称。刚建立的分区还不能使用，必须使用 mkfs 命令格式化为指定的文件系统后才能使用。

mkfs –t ext4 /dev/sdc1 命令将主分区格式化为 ext4 文件系统。

8）磁盘检查命令

磁盘这种外部存储设备总有出故障的时候，所以平时最好多进行检查，防患于未然。

（1）fsck 命令检查未挂载的分区是否正常。

fsck -t ext4 /dev/sdb6   //检查/dev/sdb6 是否正常。

（2）badblocks 命令用于检查磁盘装置中损坏的区块。

badblocks /dev/sdb5

2.7 挂载文件系统

将磁盘进行分区并格式化好以后，还需要使用 mount 命令将磁盘分区挂载到根目录的某一个子目录中。

1. 挂载硬盘分区

在文件系统中创建一个空目录作为挂载点，如将格式化后的分区/dev/sdc5 用作来保存音乐文件，可使用 mkdir /usr/music 和 mount /dev/sdc5 /usr/music 命令。执行这两条命令后，可以通过/usr/music 目录访问/dev/sdc5 分区中的内容。

2. 挂载光驱

如果想使用光驱，必须将光驱挂载到文件系统中。通常情况下将光驱挂载到/mnt/cdrom 目录下，执行 mkdir /mnt/cdrom 和 mount /dev/cdrom /mnt/cdrom 这两条命令后，就可以使用 ls 命令显示光驱中的文件。

3. 挂载 U 盘

将 U 盘插入计算机 USB 接口中，使用 ls /dev/sd*命令查看 U 盘的设备名，这里假设 sdd 就是 U 盘设备，sdd1 就是 U 盘的分区。

执行 mkdir /mnt/usb 和 mount /dev/sdd1/mnt/usb 这两条命令后，就可以使用 ls 命令显示 U 盘中的文件。

4. 挂载 Windows 下的 C 盘（FAT32 格式）

执行 mkdir /mnt/dosc 和 mount -t vfat/dev/sda1/mnt/dosc 这两条命令后，就可以使用 ls 命令显示 C 盘中的文件。

5. 自动挂载文件系统

自动挂载文件系统指的是系统启动以后自动将硬盘中的分区挂载到文件系统中，这样我们就可以直接使用这些分区中的内容了，而不用在每次需要使用某个分区的时候，再去手动输入命令进行挂载。

在 Linux 系统中，/etc/fstab 文件存储了自动挂载文件系统的参数，若想要系统在每次启动时自动挂载指定的文件系统，则必须修改该文件中的参数。

使用 cat 命令打开/etc/fstab 文件，如图 2.9 所示。

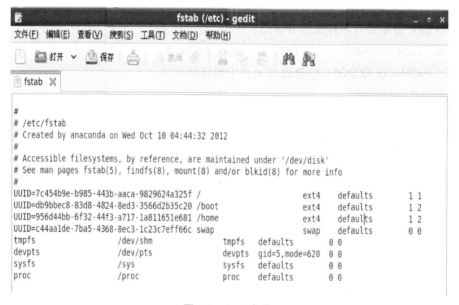

图 2.9　fstab 文件

由图 2.9 显示的内容可以看出，fstab 文件是由一条一条的记录所组成，其中每一行表示一条记录，代表一个自动挂载项。每条记录由 6 个字段组成：第 1 个字段是设备名；第 2 个字段设置挂载点；第 3 个字段显示文件系统的类型；第 4 个字段是挂载选项，使用 defaults 表示系统自动识别文件系统进行挂载；第 5 个字段设置是否备份，0 表示不备份，1 表示要备份；第 6 个字段设置自检顺序，该字段被 fsck 命令用来决定在系统启动时需要被扫描的文件系统的顺序，根文件系统"/"对应该字段的值为 1，其他文件系统为 2，如果某文件系统在启动时不需要扫描，则该字段的值设置为 0。

如果想要系统自动挂载/dev/sdc5 分区，可使用 vi 命令打开/etc/fstab 文件并添加下面这行命令后保存退出：

/dev/sdc5 /usr/music ext4 defaults 0 0

这样系统启动后就可以通过/usr/music 目录直接访问/dev/sdc5 分区中的内容，而不用每次都使用 mount 命令来挂载该分区。

注意：由于 fstab 文件非常重要，如果这个文件有错误，就可能会造成系统不能正常启动，因此向 fstab 文件中添加数据时应非常小心。

6. 显示系统内所有挂接的文件系统

mount

不带任何参数执行 mount 命令，则会显示当前挂接的文件系统列表。

7. 卸载设备

umount /dev/cdrom

umount /mnt/cdrom

这两条命令均可以成功卸载刚才挂接的光盘。

2.8　文件归档与压缩

实际使用中，我们经常将容量较大、路径复杂的文件进行归档压缩，目的是便于备份、传输。同时，我们也常将压缩、归档的文件解压、还原。

2.8.1　文件归档与压缩命令

1. 常用的文件备份命令

tar：用于备份文件；

gzip /gunzip：用于压缩文件；

zip /unzip：用于压缩文件；

bzip2 /bunzip2：用于 bz2 文件的压缩程序。

2. 常用的几种压缩文件格式命令

tar.gz：用 gzip 压缩的 tar 文件；

tar.bz2：用 bzip2 压缩的 tar 文件；

tar：归档但未压缩的文件；

zip：zip 压缩文件；

gz：gzip 压缩文件；

bz2：bzip2 压缩文件；

jar：Java 环境下常用的压缩文件。

3．tar 命令

1）格式

tar <选项> 备份文件 源文件或目录

2）功能

为文件和目录做备份，归档为 tar 文件，设置选项还可以进行文件的压缩。

3）说明

当源是目录时（通常都是）将包括其下的所有文件和子目录。

4）选项（不可少，规定 tar 命令要完成的操作）

-c：创建一个新文档；

-f：当与-c 一起使用时，创建的 tar 文件使用该选项指定的文件名；当与-x 一起使用时，则解除该选项指定的归档；

-t：显示包括在 tar 文件中的文件列表；

-v：显示文件的归档进度；

-x：从归档中抽取文件；

-z：使用 gzip 来压缩 tar 文件；

-j：使用 bzip2 来压缩 tar 文件。

5）举例

（1）创建一个 tar 文件：

tar –cvf filename.tar /home

（2）列出 tar 文件的内容：

tar -tvf filename.tar

（3）抽取 tar 文件的内容：

tar -xvf filename.tar

（4）使用 bzip2 压缩 tar 文件：

tar -cjvf filename.tbz /home

tar -cjvf filename2.tar.bz2 /home

（5）使用 bunzip2 解压缩 tar.bz2(或.tbz)文件：

bunzip2 filename2.tar.bz2

（6）解压缩并解除归档：

tar -xjvf filename2.tar.bz2

4．gzip 命令

1）格式

gzip [选项] 压缩/解压缩的文件名

2）功能

对文件进行压缩或解压缩。

3）选项

-c：在标准输出上显示被压缩的文件，原文件将保留；

-d：将压缩文件解压缩；

-l：以长格式列出压缩文件的信息，包括压缩文件的大小、原文件的大小、压缩比、原文件名；

-r：遍列指定目录中的文件（压缩或解压缩）。

5. gunzip 命令

1）格式

gunzip 选项　文件列表

2）功能

解压缩用 gzip 命令（以及 compress 和 zip 命令）压缩过的文件。

3）选项

-c：将输出写入标准输出，原文件保持不变；

-l：列出压缩文件中的文件而不解压缩；

-r：递归解压缩，解压缩命令行所指定目录中的所有子目录内的文件。

6. zip 命令

1）格式

zip [选项] 压缩文件　文件列表

2）功能

可以将多个文件归档压缩。

3）选项

-1：最快压缩 75，压缩率最差；

-9：最大压缩，压缩率最佳；

-m：将特定文件移入 zip 文件中，并且删除原文件；

-r：包括子目录；

-v：显示版本资讯或详细讯息。

7. unzip 命令

1）格式

unzip [选项] 压缩文件名

2）功能

对 winzip 格式的压缩文件进行解压缩。

3）选项

-d：把压缩文件解压到指定的目录中；

-n：如果解出的文件名与一个已经存在的文件同名，则取消解压缩，避免覆盖存在的文件；

-o：可以覆盖存在的文件。

7．bzip2 命令

1）格式

bzip2 [选项]

2）功能

压缩、解压缩文件，无选项参数时执行压缩操作，压缩后产生扩展名为.bz2 的压缩文件并删除源文件。bzip2 命令没有归档功能。

3）选项

-d：解压缩文件，相当于使用 bunzip 命令；

-v：显示文件的压缩比例等信息。

2.8.2　桌面环境下文件归档与压缩

桌面环境下归档管理器几乎支持所有的压缩文件格式。从桌面环境依次双击"应用程序"→"附件"　→"归档管理器"，打开"归档管理器"，如图 2.10 所示。

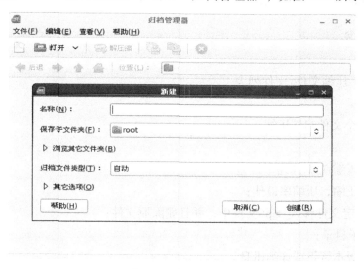

图 2.10　归档管理器

2.9　Shell 命令

1．Shell 命令格式

命令名　[选项]　[参数 1] [参数 2]……

（1）命令名由小写的英文字母构成，往往是表示相应功能的英文单词或单词的缩写。

（2）其中方括号括起的部分表明该项对命令行来说不是必须，即是可选的。

（3）选项是对命令的特别定义，以"-"开始，多个选项可用一个"-"连起来。

（4）命令行的参数提供命令运行的信息或者是命令执行过程中所使用的文件名。

（5）如果命令行中没有提供参数，命令将从标准输入文件（即键盘）接收数据，输出结果显示在标准输出文件（即显示器）上，而错误信息则显示在标准错误输出文件（即显示器）上。

（6）命令在正常执行后返回一个 0 值，表示执行成功；如果命令执行过程中出错，没有完成全部工作，则返回一个非零值。

2. 键入命令

（1）在 shell 提示符下，可以输入相应的命令。

（2）shell 命令可以识别大小写。

（3）如果一个命令太长，一行放不下时，要在第一行行尾键入"\"字符和按回车键，这时 shell 会返回一个大于号（>）作为提示符，表示允许命令延续到下一行，然后，可以接着输入命令。

3. 修改命令行输入错误

（1）用退格键【Backspace】从后向前删除有错误的字符，再键入正确的命令字符串。

（2）用【Ctrl+U】键可以删除光标所在的命令行。如果命令多于一行，首行末尾有反斜线，则只删除当前行。

4. 特殊快捷键

（1）【Ctrl+H】键为默认的删除符号，它的功能与【Backspace】键的功能相同。

（2）【Ctrl+U】键可以删除光标所在的命令行。

（3）【Ctrl+J】键相当于按回车键。

（4）如果在命令行中使用一对单引号，shell 将不解释被单引号括起的内容，包括其中的空格和回车字符。

（5）分号可以将两个命令隔开，这样可以实现在一行中输入多个命令。命令的执行顺序与输入的顺序相同。

（6）【Ctrl+D】停止输入或注销用户。

（7）【Ctrl+I】水平跳过一个制表区，与【Tab】键作用相同。

（8）【Ctrl+C】发送 SIGINT 信号给前台进程组中的所有进程，常用于终止正在运行的程序。

（9）【Ctrl+Z】发送 SIGTSTP 信号给前台进程组中的所有进程，常用于挂起一个进程。

（10）【Ctrl+S】暂停屏幕滚动。

（11）【Ctrl+L】继续屏幕滚动。

5. 输入输出重定向

1）输入重定向<

格式：命令<文件名

功能：使一个命令的标准输入取自某一文件而不是键盘终端。

例如：$a.exe<a.dat（当执行 a.exe 时，从 a.dat 文件中读数据）

2）输出重定向>

格式：命令>文件名

功能：将原本由屏幕输出的正确数据输出到>右边的文件中或设备（printer）。

3）追加重定向>>

格式：命令>>文件名

功能：将原本由屏幕输出的正确数据输出到>>右边的文件。与>不同的是，该文件将不会被覆盖，而新的数据将以追加的方式添加到文件的最后面；

4）错误重定向 2>

格式：命令 2>文件名

功能：将原本应该由屏幕输出的错误数据输出到 2>的右边指定的文件中。

例如：cc a.c 2>errfile（把编译 a.c 过程中出现的错误信息存入到 errfile 文件中）。

6. 管道

管道（|）用来把一个命令的标准输出与另一个命令的标准输入连接起来。在一个命令行上，可以用管道把若干个命令连接起来，形成一条管道线。

例如，用 pr 命令对 regsh 文件进行格式：

$pr<regsh>printfile

该命令对 regsh 文件进行格式编排，其结果送到文件 printfile 上。

$/dev/Lp1 < printfile

该命令将 printfile 文件送打印机打印。

使用管道解决：$pr<regsh|/dev/Lp1

2.10　思考与实验

1. 修改文件权限

（1）可读、可写和可执行的权限设定给 file 文件所有者。

（2）将文件 file 所有者的可写和可执行权限删除。

（3）将档案 file1.txt 设为所有人皆可读取。

（4）新建 a.txt 文件并将该文件设置为所有者拥有全部权限，其他人拥有执行权限。

2. 文件操作命令

（1）用 cat 命令显示 clear.txt 文件内容。

（2）把 textfile1 的文件内容加上行号后输入 textfile2 这个文件里。

（3）把 textfile1 和 textfile2 的文件内容加上行号（空白行不加）之后将内容附加到 textfile3 里。

第 3 章　Shell 编程

用户登录进入 Linux 系统时，一般会进入图形桌面，如 Ubuntu 的 GNOME 桌面。很多工作可以在图形桌面下完成，但也有例外，例如：需要高效且批量处理一些日常工作；远程连接到服务器进行管理配置，而远程服务器不提供桌面环境等。这时使用命令行模式进行管理更加方便和简单，因此对 Linux，Shell 进行学习和使用是必不可少的一部分。

Shell 的强大之处在于其既是一种命令语言，又是一种程序设计语言。作为命令语言，它可以互动式地解释和执行用户输入的命令；作为程序设计语言，它定义了各种变量和参数，并提供了许多在高级语言中才具有的控制结构，包括循环和分支。Shell 虽然不是 Linux 系统内核的一部分，但可以调用系统内核的大部分功能来执行程序、创建文档并以并行的方式协调各个程序的运行。

3.1　Shell 概述

3.1.1　Shell 特点

Shell 是一种具备特殊功能的程序，它是介于使用者和 UNIX/Linux 操作系统之核心程序（kernel）间的一个接口（命令解释器）。

为了对用户屏蔽内核的复杂性，也为了保护内核以免用户误操作造成损害，在内核的周围建了一个外壳（shell）。用户向 shell 提出请求，shell 解释并将请求传给内核。其具有以下特点：

（1）对已有命令进行适当组合，构成新的命令，而且组合方式很简单。

（2）提供了文件名扩展字符使得用单一的字符串可以匹配多个文件名。

（3）可以直接使用 shell 的内置命令，而不需创建新的进程。

（4）Shell 允许灵活地使用数据流，提供通配符、输入/输出重定向、管道线等机制，方便了模式匹配、I/O 处理和数据传输。

（5）结构化的程序模块，提供了顺序流程控制、分支流程控制、循环流程控制等。

（6）Shell 提供了在后台执行命令的能力。

（7）Shell 提供了可配置的环境，允许用户创建和修改命令、命令提示符和其他的系统行为。

（8）Shell 提供一个高级的命令语言，允许用户能创建从简单到复杂的程序。

3.1.2　Shell 的主要版式

在 Linux 系统中常见的 Shell 版本有以下几种：

（1）Bourne Shell(sh)：它是 UNIX 最初使用的 Shell，并且在每种 UNIX 上都可以使用。它在 Shell 编程方面相当优秀，但处理与用户的交互方面不如其他几种 Shell。

（2）C Shell(csh)：它最初由 Bill Joy 编写，它更多地考虑了用户界面的友好性，支持如命令补齐等一些 Bourne Shell 所不支持的特性，但其编程接口做得不如 Bourne Shell。C Shell 被很多 C 程序员使用，因为 C Shell 的语法和 C 语言的很相似，C Shell 也由此得名。

（3）Korn Shell(ksh)：它集合了 C shell 和 Bourne Shell 的优点，并且和 Bourne Shell 完全兼容。

（4）Bourne Again Shell(bash)：bash 是大多数 Linux 系统的默认 Shell。它是 Bourne Shell 的扩展，并与 Bourne Shell 完全向后兼容，而且在 Bourne Shell 的基础上增加和增强了很多特性。

（5）tcsh：它是 C shell 的一个扩展版本，与 csh 完全向后兼容，但它包含了更多使用户感觉方便的新特性，其最大的提高是在命令行编辑和历史浏览方面。它不仅和 Bash shelll 提示符兼容，而且还提供比 bash shell 更多的提示符参数。

（6）pdksh：它是一个专门为 Linux 系统编写的 Korn shell(ksh) 的扩展版本。ksh 是一个商用 Shell，不能免费提供，而 pdksh 是免费的。

3.2　Vi 编辑器

Shell 脚本能提高用户操作和管理员进行系统管理的效率，一般步骤为：用编辑器编写脚本程序；Shell 作为解释程序；非交互地执行脚本。

系统配置文件、Shell 脚本文件等都是文本文件，编辑它们时都要使用文本编辑器。

在 Linux 系统中有多种文本编辑器，其中既有字符界面的（Vi、EMACAS 等），也有图形界面的（如"附件"菜单下的"文本编辑器 gedit"等），用户可以根据自己的喜好选择使用。

在 Shell 中输入 vi/vim 即可打开编辑器，编辑器的界面如图 3.1 所示。

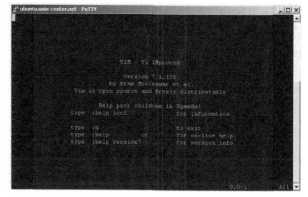

图 3.1　编辑器的界面

1. Vi 的三种工作模式

Linux/Unix 下的配置文件都是文本文件，Vi 常见有 3 种工作模式：命令模式、编辑模式、底行模式。

1）命令模式

启动 Vi 默认进入命令模式。此时界面不能编辑，只能接受命令（键入的命令看不到）文件的保存、退出、文本的删除、复制、搜索等操作。

2）编辑模式

命令模式下用 i(sert)，a(ppend)，o，s 等均可进入该模式。按【Esc】返回命令模式。

3）底行模式

底行模式实际上也是命令模式的一种，在命令模式下输入冒号进入一个命令行，可显示地输入命令（所以也有些书中认为是两种工作模式）。

3 种模式可自由切换，一般切换命令就是操作的英文单词的首字母。

2. Vi 的启动

启动命令：vi my.txt

如果文件存在，则 Vi 显示文件内容并等待用户的命令。

如果指定的文件不存在，则 Vi 将告知用户这是未命名的文件，并进入一个空白的界面。

启动 Vi 时都是默认处于命令模式。用户必须使用命令切换到文本输入模式才能进行输入编辑，或者可执行删除、复制等编辑命令。

3. Vi 的退出

冒号进命令行模式下：

:q!——不存档强制退出。

:w——保存但不退出，w(rite)后可加所要存档的文档名。

:wq——存档后退出。

命令模式下输入，功能与:wq 相同。

:x 与:wq 相同。

命令模式：

ZZ/ZQ：保存/不保存退出。

4. 如何编辑

必须从命令模式转入插入模式才能进行输入编辑，可用命令有：

1）新增（append）

a：从光标所在位置后面开始新增资料；

A：从光标所在行最后面的地方开始新增资料。

2）插入（insert）

i：从光标所在位置前面开始插入资料；

I：从光标所在行的第一个非空白字元前面开始插入资料。

3）开始（open）

o：在光标所在行下方新增一列并进入输入模式；

O：在光标所在行上方新增一列并进入输入模式。

5. 命令模式下的操作

1）删除

x：删除光标所在字符；

dw 删除一个单词；

dd：删除光标所在的行；

u：恢复被删除的文字；

s：删除光标所在字节，并进入输入模式；

d 光标键：

左：删除光标前面的字符；

右：删除光标所在的字符；

上：将当前行与上一行删除；

下：当前行与下一行删除；

#表示数字：

#x：删除几个字符，如 3x；

#dw：删除几个单词，如 3dw 表示删除 3 个单词；

#dd：删除多个行，如 3dd 表示删除光标行及光标的下两行；

d$：删除光标到行尾的内容；

nd 上、下光标键：

删除当前行的上、下几行文本（包括当前行）

2）文本复制、粘贴

Y：复制命令；

yy：复制整行；

yw：复制光标所在的单词；

nyw：复制包括光标所在的 n 个单词；

nyy：复制包括当前行在内的 n 行；

P：粘贴命令；

h、j、k、l：光标移动

nG：移动到底 n 行行首。

6. 通用缓冲区和专用缓冲区

一般情况下，最近一次的抽取、删除、插入和修改的内容都将存放在通用缓冲区中。利用这些缓冲区可以非常方便地实现文本内容的剪切和粘贴。

专用缓冲区的名字采用双引号加单个字母表示，如"a，"b 等。

命令模式下输入"ayy，是将当前行的内容复制到专用缓冲区 a 中。输入"ap，则将专用缓冲区中的内容粘贴到光标位置之后。

对单个文件的编辑，专用缓冲区没有什么优势，在对多个文件编辑时才能体现其优势：从当前文件切换到下一个文件时通用缓冲区的内容会丢失，而专用缓冲区的内容却依然存在。

4dd 是删除 4 行，Vi 自动将这 4 行的内容保存在通用缓冲区中。

8j 表示将光标向后移动 8 行。

p 表示从通用缓冲区中取出内容，粘贴在光标位置后面。由于 dd 命令以行为单位存放使通用缓冲区的内容，当取出缓冲区的内容时，Vi 将它们粘贴在当前行之后。

2yy 表示从当前行开始抽取两行到通用缓冲区。再将光标移动到目标行的位置后，输入 p 复制。

7. 字符串的查找、替换

:/string：搜索指定的字符串；

按键【N】：继续进行搜索。

如果写的是斜杠（/）：按【N】键会从当前位置向后查找；如果写的是问号（?），按【N】键则从当前位置向前查找。

8. 查找且替换

1）:%s /SEARCH /REPLACE

把文档中所有 SEARCH 替换成 REPLACE。

2）:#,# s /SEARCH /REPLACE /g

号表示数字，表示从多少行到多少行，把 SEARCH 替换成 REPLACE。

3）:s /SEARCH /REPLACE /g

把当前光标所在行中的 SEARCH 单词，替换成 REPLACE，并把所有 SEARCH 高亮显示。

9. 与当前文件有关的读写操作

1）: r file_name

导入文件内容添加到光标所在行后。

2）: n1, n5 w file_name

将从第 n1 行到 n5 行的内容保存到文件 file_name 中。

如果是从当前行到倒数第 3 行，也可以表示为.,$-2；如果指定的文件已存在，则 Vi 将给出 "File exists" 的错误信息。

10. Vi 操作中执行其他 shell 命令

用户在编辑文本文件过程中，可以在不退出 Vi 的情况下执行 Shell 命令，行命令模式输入：

:! 命令

例如：

:! ls –l

:! mount /dev/sda1 /mnt

命令执行完成后，系统会提醒用户按任意键返回 Vi 编辑器中继续文本文件的编辑工作。

3.3 创建和执行 Shell 脚本

1. 建立 shell 脚本

shell 脚本（shell script）是指使用用户环境 Shell 提供的语句所编写的命令文件。Shell 脚本可以包含任意从键盘输入的 Linux 命令。

建立 shell 脚本的步骤与建立普通文本文件的方式相同，利用文字编辑器（如 Vi）进行程序录入和编辑加工。例如，建立一个名为 ex1 的 shell 脚本，可提示符后输入命令：

$vi   example1

例 3.1   显示当前的日期时间、执行路径、用户账号及所在的目录位置。

在命令行中输入：

$ vi example1

在 Vi 编辑器中输入下列内容：

#!/bin/bash

#This script is a test!

echo –n "日期时间是 :"

　　　date

echo –n "执行路径是 :"$PATH

echo "用户账号是:`whoami`"

echo -n "目录位置是 :"

pwd

#end

2. 执行 Shell 脚本

执行 Shell 脚本的方式基本上有下述 3 种：

（1）输入定向到 Shell 脚本。

其一般形式是：

$bash<脚本名

例如：$bash <example1

（2）以脚本名作为参数。其一般形式为：

$bash 脚本名 [参数]

例如：$bash example1

如果以当前 shell 执行一个 shell 脚本，则可以使用如下简便形式：

$. 脚本名 [参数]

（3）将 shell 脚本的权限设置为可执行，然后在提示符下直接执行它。

使用 chmode 命令修改文件的属性，然后再执行。

例如：$chmod a+x example1

$example1

3.4 Shell 特殊字符

3.4.1 引　号

在 shell 中引号分为 3 种：双引号、单引号和倒引号。

1. 双引号

由双引号括起来的字符，除$、倒引号（`）和反斜线（\）仍保留其特殊功能外，其余字符均作为普通字符对待。

例 3.2　双引号的应用。

[wuxy@localhost pro]$cat example2

echo "current directory is \`pwd\`"

echo "home directory is $HOME"

echo "file*.?"

echo "directory '$HOME'"

[wuxy@localhost pro]$bash example2

current directory is /home/wuxy/pro

home directory is /home/wuxy

file*.?

directory '/home/wuxy'

2. 单引号

由单引号括起来的字符都作为普通字符出现。

例 3.3　单引号应用。

$str='echo "directory is $HOME"'

$echo $str

echo "directory is $HOME"

注意：被单引号括进来的所有字符都照原样显示出来，特殊字符也失去原来的意义。

3. 倒引号

倒引号括起来的字符串被 Shell 解释为命令行，在执行时，Shell 会先执行该命令行，并以它的标准输出结果取代整个倒引号部分。

例 3.4　倒引号应用。

[wuxy@localhost pro]$echo current directory is `pwd`

current directory is /home/wuxy/pro

4. 反斜线

反斜线是转义字符，它能把特殊字符变成普通字符。在某个字符前面利用反斜杠（\）能够阻止 Shell 把后面的字符解释为特殊字符。

例 3.5　反斜线应用。

[wuxy@localhost pro]$echo "Filename is N0\$*"

Filename is N0$*

注意：在单引号括起来的字符串中，反斜线也成为普通字符，而失去转义字符功能。

3.4.2　注释和管道线

1. 注释

shell 脚本中以"#"开头的正文行表示注释。

例如：

#!/bin/bash

#This script is a test!

echo –n "Date and time is :"

date

echo –n "The executable path is :"$PATH

echo "Your name is :`whoami`"

2. 管道线

在 Linux 系统中，管道线是由竖杠（|）隔开的若干个命令组成的序列。在管道线中，每个命令执行时都有一个独立的进程，前一个命令的输出正是下一命令的输入。

例如：

[wuxy@localhost pro]$ls -l |wc -l

3.4.3　命令执行操作符

1. 顺序执行

每条命令或管道线可单独占一行，按其出现顺序依次执行。例如：

[wuxy@localhost pro]$pwd

[wuxy@localhost pro]$who|wc-l

[wuxy@localhost pro]$cd ./usr/bin

也可将这些命令在一行中输入，此时，各条命令之间应以分号（；）隔开，例如：

[wuxy@localhost pro]$pwd; who | wc -l; cd /usr/bin

在执行时，命令以分号隔开的各条命令从左到右依次执行，即前面命令执行成功与否，并不影响其后命令的执行，它与上面写成多行的形式是等价的。

2. 逻辑与

逻辑与操作符"&&"可把两个命令联系在一起，其一般形式是：

命令 1&&命令 2

其功能是：先执行命令 1，如果执行成功，才执行命令 2；否则，若命令 1 执行不成功，则不执行命令 2。

例如：

[wuxy@localhost pro]$cp example1 example11&&rm example1

用&&可以把多个命令联系起来，格式如下：

命令 1&&命令 2&&命令 3…&&命令 n

3. 逻辑或

逻辑或操作符"||"可把两个命令联系起来，其一般形式是：

命令 1 || 命令 2

其功能是：先执行命令 1，如果执行不成功，则执行命令 2；否则，若命令 1 执行成功，则不执行命令 2。

例如：

[wuxy@localhost pro]$cat example11||pwd

利用"||"可把多个命令联系起来，格式如下：

命令 1 || 命令 2 || 命令 3……|| 命令 n

3.5 Shell 变量

Shell 支持各种类型的变量。主要有三种变量类型：用户变量、内部变量和环境变量。

用户变量是在编写 shell 脚本时定义的。可以在 shell 程序内任意使用和修改它们。

内部变量是由系统提供的。与环境变量不同，但用户不能修改它们。

环境变量是系统环境的一部分，不必去定义它们，可以在 shell 程序中使用它们，还能在 shell 中加以修改。

3.5.1 用户变量

1. 变量名

用户定义的变量是最普通的 Shell 变量。变量名是以字母或下线符开头的字母、数字和下画线序列，并且大小写字母意义不同。

2. 变量赋值

给变量赋值的过程也是声明一个变量的过程。

变量的赋值很简单，其一般形式是：

变量名=字符串/数字

例如：

lcount=0

myname=wangtong

3. 访问变量值

可以通过给变量名加上前缀$（美元符）来访问变量的值。

例如：

如果要把 myname 的值分配给变量 yourname，那么可以执行下面的命令：

yourname=$myname

3.5.2　内部变量

内部变量是 Linux 所提供的一种特殊类型的变量，这类变量在程序中用来做出判断。在 Shell 程序内这类变量的值是不能修改的。

部分内部变量是：

$#：传送给 Shell 程序的位置参数的数量；

$?：最后命令的完成码或者在 Shell 程序内部执行的 shell 程序（返回值）；

$0：Shell 程序的名称；

$*：调用 Shell 程序时所传送的全部参数组成的单字符串。

3.5.3　环境变量

Linux 环境（也称为 shell 环境）由许多环境变量及这些变量的值组成，由这些变量和变量的值决定环境外观。

主要环境变量的有：

（1）HOME：用户目录的全路径名。

（2）LOGNAME：即用户的注册名，由 Linux 自动设置。

（3）MAIL：用户的系统信箱的路径。

（4）PATH：Shell 从中查找命令的目录列表。

（5）PS1：Shell 的主提示符。

（6）PWD：用户当前工作目录的路径。它指出用户目前在 Linux 文件系统中处在什么位置。它是由 Linux 自动设置的。

（7）SHELL：用户当前使用的 Shell。它也指出用户的 Shell 解释程序放在什么地方。

（8）TERM：用户终端类型。DEC 公司制定的 vt-100 终端的特性，被许多厂商接受，也被许多终端软件仿真，成为广泛使用的标准设置。

3.5.4 位置参数

1. 位置参数及引用

假如编写了一个 shell 脚本，当从命令行或者从其他 Shell 脚本中调用它的时候，这个脚本会接收若干参数。这些选项是通过 Linux 作为位置参数（positional parameter）提供给 Shell 程序的。在 Shell 脚本中应有变量接收实参，这类变量的名称很特别，分别是1，2，3，…，这类变量称为位置变量。位置参数 1 存放在位置变量 1 中，位置参数 2 存放位置变量 2 中，……，在程序中可以使用$1，$2，……来访问。

2. 用 set 命令为位置参数赋值

在 Shell 程序中可以利用 set 命令为位置参数赋值或重新赋值。

1）一般格式

set [参数表]

2）说明

该命令后面无参数时，将显示系统中的系统变量的值；如果有参数将分别给位置参数赋值。

3. 位置参数移动

当位置变量个数超出 9 个时，就不能直接引用位置大于 9 的位置变量了，必须用 shift 命令移动位置参数。

1）一般形式

shift [n]

2）说明

每次执行时，把位置参数向左移动 n 位。如果没有参数，每次执行时，把位置参数向左移动 1 位。

3.6 正则表达式与算术运算

3.6.1 正则表达式

正则表达式是一种可以用于模式匹配和替换的工具，可以让用户通过使用一系列的特殊字符构建匹配模式，然后把匹配模式与待比较字符串或文件进行比较，根据比较对象中是否包含匹配模式，执行相应的程序。

1. 一般通配符

通配符用于模式匹配，常用的通配符有 6 种。

（1）*（星号）：它匹配任意字符的 0 次或多次出现。

（2）? （问号）：它匹配任意一个字符。

（3）[ ]（一对方括号）：其中有一个字符组。其作用是匹配该字符组所限定的任何一个字符。

（4）!（惊叹号）：如果它紧跟在一对方括号的左方括号"["之后，则表示不在一对方括号中所列出的字符。

（5）^（幂次方号）：只允放在一行的开始匹配字符串。

（6）$（美元号）：只在行尾匹配字符串，它放在匹配单词的后面。

2．模式表达式

模式表达式是指那些包含一个或多个通配符的字符串。

（1）*（模式表）：匹配给定模式表中"模式"的0次或多次出现，各模式之间以"|"分开。例如，file*(.c|.o)匹配文件 fle.c、file.o、file.c.o、file.c.c、file.o.c、file 等，但不匹配 file.h、file.s 等。

（2）+（模式表）：匹配给定模式表中"模式"1次或多次出现，各模式之间以"|"分开。例如，file+(.c|.o)匹配文件 file.c、file.o、file.o.c、file.c.o 等，但不匹配 file。

（3）?（模式表）：匹配模式表中任何一种"模式"的0次或1次出现，各模式之间以"|"分开。例如，file?(.c|.o)只匹配 file、file.c、file.o 等，不匹配 file.c.c、file.c.o 等。

（4）@（模式表）：仅匹配模式表中给定"模式"的一次出现，各模式之间以"|"分开。例如，file@(.c|.o)只匹配 file.c 和 file.o，但不匹配 file、file.c.c、file.c.o 等。

（5）!（模式表）：除给定模式表中的一个"模式"之外，它可以匹配其他任何字符串。

3.6.2　算术运算

（1）shell 程序中常用的算术运算符如表 3.1 所示。

表 3.1　算术运算符列表

运算符	说明	举例
+	加法	\`expr $a+$b\`，结果为 30
-	减法	\`expr $a-$b\`，结果为 10
*	乘法	\`expr $a \*$b\`，结果为 200
/	除法	\`expr $a/$b\`，结果为 2
%	取余	\`expr $a%$b\`，结果为 0
=	赋值	a=$b，将把变量 b 的值赋给 a
==	相等，用于比较两个数字，相同则返回 true	[$a == $b]，返回 false
!=	不相等，用于比较两个数字，不相同则返回 true	[$a != $b]，返回 true

（2）shell 程序中常用的关系运算符如表 3.2 所示。

表 3.2　关系运算符列表

运算符	说明	举例
-eq	检测两个数是否相等，相等返回 true	[$a -eq $b]，返回 true
-ne	检测两个数是否相等，不相等返回 true	[$a -ne $b]，返回 true
-gt	检测左边的数是否大于右边的数，如果是，则返回 true	[$a -gt $b]，返回 false
-lt	检测左边的数是否小于右边的数，如果是，则返回 true	[$a -lt $b]，返回 true
-ge	检测左边的数是否大等于右边的数，如果是，则返回 true	[$a -ge $b]，返回 false
-le	检测左边的数是否小于等于右边的数，如果是，则返回 true	[$a -le $b]，返回 true

（3）bash 中执行整数算术运算的命令是 let，其语法格式为：

let 参数 …

其中，参数是单独的算术表达式。

let 命令的替代表示形式是：

（（算术表达式））

let 命令用于执行一个或多个表达式，变量计算中不需要加上 $ 来表示变量。

自加操作：let 变量++

自减操作：let 变量--

简写形式：let 变量+=10，let 变量-=20

分别等同于：let 变量=变量+10，let 变量=变量-20。

注意：表达式中的变量与运算符之间不能有空格，如果有空格或其他特殊字符，则必须引起来。

（4）expr 命令的格式：

expr 表达式

其中表达式要注意以下几个原则：

（1）用空格隔开每个项。表达式中的变量名与运算符号之间要有空格，变量名与括号之间要有空格。

（2）用/（反斜杠）放在 Shell 特定的字符前面。

（3）对包含空格和其他特殊字符的字符串要用引号括起来。

3.7　控制结构

3.7.1　条件语句

1. 条件测试

在 shell 中，测试条件表达式中只能通过使用 test 命令来完成。test 命令的语法如下：

test 条件表达式

test 有四类比较符：字符串比较、数字比较、文件操作符和逻辑操作符。

1）字符串比较

下面的操作符可以用来比较两个字符串表达式：

s1=s2：如果 s1 等于 s2，则测试条件为真；

s1!=s2：如果 s1 不等于 s2，则测试条件为真；

-n s1：如果字符串 s1 长度大于 0，则测试条件为真；

-z s1：如果字符串 s1 长度等于 0，则测试条件为真；

2）数字比较

下面的操作符可以用来比较两个数：

n1 –eq n2：如果 n1 等于 n2，则测试条件为真；

n1 –ne n2：如果 n1 不等于 n2，则测试条件为真；

n1 –gt n2：如果 n1 大于 n2，则测试条件为真；

n1 –ge n2：如果 n1 大于或等于 n2，则测试条件为真；

n1 –lt n2：如果 n1 小于 n2，则测试条件为真；

n1 –le n2：如果 n1 小于或者等于 n2，则测试条件为真。

3）文件操作符

下面的操作符可以用作文件比较操作符：

-r 文件名：如果文件存在且是用户可读的，则测试条件为真；

-w 文件名：如果文件存在且是用户可写的，则测试条件为真；

-x 文件名：如果文件存在且是用户可执行的，则测试条件为真；

-d 文件名：如果文件存在且是目录文件，则测试条件为真；

-f 文件名：如果文件存在且是普通文件，则测试条件为真；

-b 文件名：如果文件存在且是块文件，则测试条件为真；

-c 文件名：如果文件存在且是字符文件，则测试条件为真；

-s 文件名：如果文件存在且长度大于 0，则测试条件为真。

4）逻辑操作符

逻辑操作符用于根据逻辑规则比较表达式。下面这些字符表示 NOT（非）、AND（与）和 OR（或）：

! 逻辑表达式：对一个逻辑表达式求反；

–a 逻辑表达式：如果两个逻辑表达式同时为真，则返回真；否则为假；

–o 逻辑表达式：如果两个逻辑表达式同时为假，则返回假；否则为真。

5）特殊条件测试

除以上条件测试外，在 if 语句和循环语句中还常用下列 3 个特殊条件测试语句：

: ——表示不做任何事情，其退出值为 0；

true——表示总为真，其退出值总为 0；

false——表示总为假，其退出值为 255。

2. 条件语句

1）if 语句

if 语句通过判定条件表达式来做出选择。if 语句格式如下：

格式 1：

if　条件表达式

then

　　命令 1

[else

　　命令 2]

fi

格式 2：

if　条件表达式 1

then

　　命令 1

elif　条件表达式 2

then

　　命令 2

…

else

　　命令 n

fi

执行过程：

格式 1 的执行过程是：先进行"条件测试"，如果测试结果为真，则执行 then 之后的"命令"；否则，执行 else 之后的"命令 2"。

格式 2 的执行过程是：先进行"条件 1 测试"，如果测试结果为真，则执行命令 1；否则，进行"条件 2 测试"，如果测试结果为真，则执行命令 2；……；如果条件测试都为假，则执行命令 n。

if 语句的一般格式是：

if　命令表 1

then

　　命令表 2

[else

　　命令表 3]

fi

例 3.6　if 语句应用，文件名为 ex3.6。

```
#!/bin/bash
#if statement application
if   [   $1="yes"   ]
```

```
        then
            echo "value is yes"
elif    [    $1="no"    ]
    then
        echo "value is no "
else
        echo "invalid value"
fi
#end
```

运行这个脚本：

```
[wuxy@localhost pro]$bash ex3.6 yes
value is yes
```

2）case 语句

case 语句用来执行依赖于离散值或者与指定变量相匹配的一定范围的数据的语句。

cash 语句的格式如下：

```
case    字符串    in
模式字符串 1）命令
                ...
                命令;;
模式字符串 2）命令
                ...
                命令;;
......
模式字符串 n) 命令
                ...
                命令;;
    *) 命令
esac
```

其执行过程是，用"字符串"的值依次与各模式字符串进行比较，如果发现与某一个匹配，那么就执行该模式字符串之后的各个命令，直至遇到两个分号为止。如果没有任何模式字符串与该字符串的值相符合，则执行*后面的命令。

例 3.7　以月份数字作为参数，编写一个回显月份名的脚本，脚本文件名为：ex3.7。

这个脚本如下所示：

```
#!/bin/bash
case $1 in
1) echo "month is January";;
2) echo "month is February";;
```

3) echo "month is March";;

4) echo "month is April";;

5) echo "month is May";;

6) echo "month is June";;

7) echo "month is July";;

8) echo "month is August";;

9) echo "month is September";;

10) echo "month is October";;

11) echo "month is November";;

12) echo "month is December";;

*) echo   "Invalid   parameter.";;

esac

#end

运行脚本：

[wuxy@localhost pro]$bash ex3.7 2

month is February

3.7.2　循环语句

shell 中有三种用于循环的语句：while 语句、for 语句和 until 语句。

1. while 语句

while 语句的一般格式是：

while　测试条件

　do

　　命令表 2

done

其执行过程是：先进行条件测试，如果结果为真，则进入循环体（do-done 之间部分），执行其中命令；然后再做条件测试……，直至测试条件为假时，才终止 while 语句的执行。

例 3.8　while 语句应用。

```
#!/bin/bash
while [ $1 ]
  do
    if [ -f $1 ]
    then echo "display :$1"
          cat $1
    else echo "$1 is not a file name."
```

```
          fi
          shift
     done
```

2. for 语句

for 语句是最常用的建立循环结构的语句。其使用格式主要有 3 种，取决于循环变量的取值方式。

1）第一种格式

```
for 变量 in 值表
do
      命令表

done
```

其执行过程是：变量依次取值表中各个值，即第一次取值表中第一个值，然后进入循环体，执行其中的命令；第二次取值表中第二个值，然后进入循环体，执行其中的命令；依次处理，直到变量把值表中各个值都取一次之后，从而结束 for 循环。

例 3.9　for 语句第一种格式的应用举例。

```
#!/bin/bash
for day in Monday Wednesday Friday Sunday
do
      echo $day
done
#end
```

2）第二种格式

```
for 变量 in 文件正则表达式
do
     命令表
done
```

其执行过程是：变量的值依次取当前目录下（或给定目录下）与正则表达式相匹配的文件名，每取一次，就进入循环命令表，直到所有匹配的文件名取完为止，退出循环。

例 3.10　for 语句第二格式应用举例。

```
#!/bin/bash
for file in m*.c
  do
      cat $file|pr
done
#end
```

3）第三种格式

```
for i in $*
do
    命令表
done
```

其执行过程是,变量 i 依次取位置参数的值,然后执行循环体中的命令表,直至所有位置参数取完为止。

例 3.11   for 语句第三种格式的应用举例。

```
#/bin/bash
#display files under a given directory
#$1—the name of the directory
#$2—the name of files
dir=$1;shift
if [ -d $dir ]
then
cd $dir
for filename
do
if [ -f $filename ]
then cat $filename
echo "End of ${dir}/$filename
else echo "Invalid file name:${dir}/$filename
fi
done
    else echo "Bad directory name:$dir."
fi
    #end
```

3. until 语句

until 语句可以用来执行一系列命令直到所指定的条件为真时才终止循环。

until 语句的一般格式如下:

```
until  测试条件
do
    命令表
done
```

可以看出,它与 while 语句很相似,只是测试条件不同,即当测试条件为假时,才进入循环体,直至测试条件为真时终止循环。

3.8 其他语句

3.8.1 break 语句

1. 功能

break 语句可以用来终止一个重复执行的循环。这种循环可以是由 for、until 或者 repeat 语句构成的循环。

2. 格式

break n

3. 说明

n 表示要跳出的循环的层数，默认值为 1。

如果 n 为 3，表示跳出 3 层循环。

3.8.2 continue 语句

1. 功能

使程序跳到 done，循环条件被再次求值，从而开始新一次的循环。continue 语句跳过循环体中在它之后的语句，回到本层循环的开头，进行下一次循环。

2. 格式

continue n

3. 说明

n 表示从包含 continue 语句的最内层循环体向外跳到第几层循环，默认值为 1。循环层数是由内向外编号。

例如：

```
for i in 1 2 3 4 5
do
    if [ "$i" -eq 3 ]
    then
    continue
    else
      echo "$i"
    fi
done
```

3.8.3　exit 语句

1. 功能

exit 语句可以用来退出一个 shell 程序，并设置退出值。

2. 格式

exit n

其中，n 是设定的退出值。

3. 说明

n 是设定的退出值（退出状态），如果没有显示地给出 n 的值，则退出值为最后一个命令的执行状态。

在 shell 脚本中，退出值为 0 表示成功；退出码 1～125 是脚本程序使用的错误代码。

3.9　函数

函数是 shell 程序中执行特殊过程的部件，并且在 shell 程序中可以被重复调用。

函数定义格式为：

[function]函数名( )

{

　　命令表

}

其中，关键字 function 可以默认。

函数的调用形式为：

函数名　参数 1　参数 2　参数 3

其中参数是可选的。

例 3.12　函数应用举例。displaymonth 函数作用是：在传送一个月份数字之后显示月份名或者一条错误消息。

```
#!/bin/bash
displaymonth(){
case $1 in
1)    echo "month is January";;
2)    echo "month is February";;
3)    echo "month is March";;
4)    echo "month is April";;
5)    echo "month is May";;
6)    echo "month is June";;
7)    echo "month is July";;
```

8)   echo "month is August";;

9)   echo "month is September";;

10)   echo "month is October";;

11)   echo "month is November";;

12)   echo "month is December";;

*) echo "Invalid parameter";;

esac

}

while   true

do

　echo   "input   month's   number;"

read   mm

displaymonth $mm

　echo   "continue(y/n)?"

　read   answer

if   [${answer}='n'   ]

then   break

fi

done

#end

提示：read 命令用来将用户的输入赋值给一个 shell 变量，然后读取数值。该命令可以一次读取多个变量的值，变量和输入的值都需要使用空格隔开。在 read 命令后面，如果没有指定变量名，读取的数据将被自动赋值给特定的变量 REPLY。

3.10　调试 Shell 脚本

在 bash 中，shell 脚本的调试主要是利用 bash 命令解释程序的选项来实现的。格式为：

bash [选项] 脚本文件名

其中，bash 命令主要利用 "-v" 或 "-x" 选项来跟踪程序的执行。例如：

$/bin/bash -x 脚本文件名

或

$/bin/bash -v 脚本文件名

通常，"-v" 选项允许用户观察一个 shell.程序的读入和执行，如果在读入命令行时发生错误，则终止程序的执行。

而 "-x" 选项，也允许用户观察一个 shell 程序的执行，它是在命令行执行前完成所有替换之后，显示出每一个被替换后的命令行，并且在行前加前缀符号 "+"（变量赋值语句不加 "+" 符号），然后执行命令。

两者的主要区别在于：使用"-v"选项，则打印出命令行的原始内容；而使用"-x"选项，则打印出经过替换后的命令行的内容。

3.11　思考与实验

1. 编写一个 Shell 程序，此程序的功能是：显示 home 下的文件信息，然后建立一个名叫 kk 的文件夹，在此文件夹下新建一个文件 aa，修改此文件的权限为可执行。

2. 编写程序，输出 4 到 149 之间所有的奇数。

3. 编写程序，求 1 到 100 之间所有奇数之和。

4. 编写程序，从键盘当中任意输入一个正整数 N，计算 1~N 的和。

5. 编写一个 shell 程序，此程序的功能是：显示 root 下的文件信息，然后建立一个 abc 的文件夹，在此文件夹下新建一个文件 k.c，修改此文件的权限为可执行。

6. 编写一个 Shell 程序，键盘输入两个数及+、-、*、/中的任一运算符，计算这两个数的运算结果。

7. 编写一个 Shell 程序，此程序的功能是对文件进行归类，在当前目录下新建 a，b，c 三个目录，然后判断当前目录下的文件属性，若是目录文件则将其移动到 a 目录中，若是普通文件则将其移动到 b 目录中，若是其他类型的文件则将其移动到 c 目录中。

第 4 章　Linux 系统程序设计基础

4.1　C 语言基础

4.1.1　指针的应用

1. 指针与指针变量的概念、指针与地址运算符关系

内存的每一个字节有一个编号，这就是"地址"。

整型变量占用 4 字节，第 1 个字节的地址管理着 4 字节内存。同样，float、long 型变量的第 1 字节地址也管理着自己的 4 字节内存。double 变量的第 1 字节地址管着自己的 8 字节内存，字符型变量只有 1 个字节，它的地址只管理 1 个字节内存。

内存每一个字节的"地址"无法管理多少字节，只有变量的地址才能够知道管理了多少字节，这就是变量地址的特点，具有这个特点的地址叫作指针。

指针变量：将普通变量地址作为"数据"保存的变量叫作指针变量。保存有普通变量地址的指针变量称为"指向"变量。指针变量声明为：

int*p; //p 只能指向整型变量，指针的这个类型称为"基类型"

指针与地址运算符：

& ——取指针运算符，取变量的地址，该地址具有类型。例如：

double a=3.14，*p;

p=&a;

* —— 间接访问运算，*p 就是变量 a。*p 不一定是"读"，而应当解释为"访问"。通过指针所保存的地址和类型访问其指向的内存，决定从那个字节开始并访问多少字节，以及其中的数码是什么类型的数据。这就是指针为什么有类型的原因。

指针变量可以运算：*p=*p+1; //等价于 a=a+1;

2. 变量、数组、字符串、函数的指针及指针的引用

1）如何让指针指向变量？

int m,*q; q=&m;　　//q 的基类型与变量 m 的类型相同。

2）一维数组、字符串与指针的关系

数组的名字是一个指针，且是常量指针。

字符串用数组存储时，其数组名也是指针，字符串常量实际是用一个无名数组存储的，其起始位置的地址就是它的指针。例如

double data[20];

char st[20]="I am a boy.";

char *p="Hello, world!";

但是,数组名是简单的指针,指向数组的第 1 个元素。如果使用间接运算"*数组名",其只能访问数组的第 1 个元素。要想访问其他元素,要借助其他方法。

*(数组名+i)或数组名[i]

是通过"基地址+偏移量"的方法访问数组各个元素。

指针变量、数组的关系如图 4.1 所示。

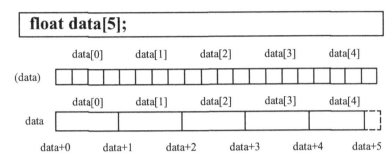

*(data+i) 等价 data[i]

运算符[ ]: data[i]就是*(data+i)

图 4.1 指针变量、数组的关系

3. 函数参数是指针的应用

| dt | 15 | 3 | 32 | 23 | 68 | 56 | 35 | | | | | | | | |

定义: int dt[15], n=7;

变量 n 是为了表明数组里的实际数据,也是为了保证利用"基地址+偏移量"访问数组数据时不越界。当给函数传递数组名时,一般也要传递这个数据。

例 4.1 指针应用。

```
#include <stdio.h>
void swap(int *p1, int *p2);
void main()
{   int a, b;
    int *pointer_1, *pointer_2;
    scanf("%d%d",&a,&b);
    pointer_1 =&a; pointer_2 =&b;
      if(a < b) swap(pointer_1 , pointer_2);
    printf("\ n %d,%d\ n ", a,b);
}
void swap(int *p1, int *p2)
```

```
{    int temp;
     temp=*p1;
     *p1=*p2;
     *p2=temp;
 }
```
如果输入 4, 10, 输出结果为 10, 4。

4. 函数返回值是指针的应用

void * malloc(字节数);

用来申请字节数的内存, 返回无(空)类型指针, 使用时由编程人员强制转换为所需类型。例如:

申请一个 long 型变量:

long* lp; lp=(long*)malloc(sizeof(long)); // *lp 即为变量

申请一个 double 型数组:

double* dp; lp=(double *)malloc(sizeof(double)*100);

// *dp 即为此无名数组的起始指针

为字符串申请一个字符数组(假定字符串的长度为 30):

char *sp=(char*) malloc(30+1);

申请过程处理:

```
char *sp=(char*) malloc(100);
if(sp==NULL) {
    printf("内存申请出错\n");
    exit(0);
}
```

5. 指针数组的应用

指针数组: 数组的元素都是指针。其一般用于字符串数组。

例 4.2   指针数组应用。

```
#include <stdio.h>
#include <string.h>
void sort(char *name[ ],int n);
void print(char *name[ ],int n);
void main()
{
    char *name[ ]={"Follow me","BASIC","Great Wall","FORTRAN",
                                "Computer design"};
    int n=5;
    sort(name,n);
```

```c
        print(name,n);
}
void print(char *name[ ],int n)
{
    int i;
    for(i=0;i<n;i++)     printf("%s\n",name[i]);
}
void sort(char *name[ ],int n)
{
char *temp;
int i,j,k;
for(i=0;i<n-1;i++)
{
    k=i;
    for(j=i+1;j<n;j++)
        if(strcmp(name[k],name[j])>0) k=j;
    if(k!=i)
    {
            temp=name[i];
                    name[i]=name[k];
                    name[k]=temp;
        }
}
}
```

运行结果:

BASIC

Computer design

FORTRAN

Follow me

Great Wall

4.1.2　结构体与共用体结构的应用

1. 结构体类型数据的定义、初始化及引用

1）描述客观世界事物——结构体类型数据的定义

struct　　结构体名

　　{成员列表};

例4.3　定义学生结构体。

```
struct student
{
    int num;
    char name[20];
    char sex;
    int age;
    float score;
    char addr[30];
};
```

2）结构体变量及成员的引用

先声明结构体类型再定义变量名，在声明类型的同时定义变量：

struct　结构体名

{

　成员表列

}变量名表列；

引用结构体变量中成员的方式为：

结构体变量名.成员名

如果成员本身又属一个结构体类型，则要用更多的成员运算符一级一级地定位到基本类型成员。使用结构体时只能对基本类型的成员进行各种运算，相同结构体变量可以整体赋值。

3）成员的地址和变量的地址

&结构体变量名.成员名

&结构体变量名

例 4.4　对结构体变量初始化。

```
#include <stdio.h>
struct student
{       long int num;
        char name[20];
        char sex;
        char addr[20];
};
void main()
{
        struct student a={10101, "LiLin", 'M', "123 Beijing Road"};
        printf("No.:%ld\nname:%s\n
                sex:%c\naddress:%s\n",
                a.num, a.name, a.sex, a.addr);
}
```

4）结构体数组

结构体数组定义如下：

```
struct student
{
    int num; char name[20];
    char sex; int age;
    float score; char addr[30];
};
struct student stu[5]=
{{10101, "LiLin", 'M', 18, 87.5, "103 BeijingRoad"},
{10102, "Zhang Fun", 'M', 19, 99, "130 Shanghai Road"}};
    struct student str[N]{{…}, {…}, {…}};
```

2. 指针和结构体的应用

指向结构体类型数据的指针对成员变量的引用为：

(*p).成员名

p->成员名

其中，->称为指向运算符。

例 4.5　指向结构体变量的指针的应用。

```
#include <string.h>
#include <stdio.h>
struct student{long num;char name[20];
                char sex; float score;};
void main()
{
    struct student stu_1;
    struct student* p; p=&stu_1;
    stu_1.num=89101;strcpy(stu_1.name, "LiLin");
    stu_1.sex='M';stu_1.score=89.5;
    printf("No.:%ld\nname:%s\nsex:%c\nscore:%f\n",
    stu_1.num,stu_1.name,stu_1.sex,stu_1.score);
    printf("No.:%ld\nname:%s\nsex:%c\nscore:%f\n",
    (*p).num, (*p).name, (*p).sex, (*p).score);
    printf("No.:%ld\nname:%s\nsex:%c\nscore:%f\n",
    p->num, p->name, p->sex, p->score);
}
```

运行结果：

No.:89101

name:LiLin

sex: M

score:89.500000

No.:89101

name:LiLin

sex: M

score:89.500000

No.:89101

name:LiLin

sex: M

score:89.500000

例 4.6　指向结构体数组的指针的应用。

```c
#include <stdio.h>
struct student
{
    int num;char name[20];
     char sex;int age;    };
      struct student stu[3]={{10101, "Li Lin", 'M', 18{,
                                    {10102, "Zhang Fun", 'M', 19},
                                    {10104, "WangMing", 'F', 20}};
void main()
{
    struct student *p;
    printf(" No.      Name      sex       age\n" ) ;
    for( p =str; p < str+3; p++)
          printf("%5d %-20s %2c %4d\n",
                    p->num, p->name, p->sex, p->age);
}
```

程序运行结果：

No.	Name	Sex	age
10101	LiLin	M	18
10102	Zhang Fun	M	19
10104	Wang Ming	F	20

3. 共用体类型数据的定义及引用

1）共用体的概念

使几个不同的变量共占同一段内存的结构称为"共用体"类型的结构。

定义共用体类型变量的一般形式为：

union　共用体名

{　成员表列

}　变量表列；

2）引用方式

不能引用共用体变量，只能引用共用体变量中的成员，采用"变量.成员"的引用方法。

4. 枚举类型数据的定义及使用

生活中有一些像星期、月份、颜色等事物，它们往往只有几个数值，而且常常有专用的英文缩写来表示。C语言用枚举类型来定义这类数据。

用枚举类型定义一个变量后，给这个变量赋值时就只能使用这几个文字数值之中的一个了。也可以说，用文字表示有限的几个数值的类型就是枚举类型。枚举类型不是系统提供的，而是由编程人员自己定义的。

另外，像逻辑运算的真、假值，人的性别的男、女值等都可以用枚举类型来描述定义。

申明枚举类型用 enum，如：

enum weekday{sun，mon，tue，wed，thu，fri，sat}；

枚举常量：sun，mon，tue，wed，thu，fri，sat

枚举常量按定义时的顺序使它们的值为 0，1，2…

定义枚举变量：

enum weekday workday，week-day；

enum{sun，mon，tue，wed，thu，fri，sat}workday；

变量值只能是 sun 到 sat 之一。

5. 用 typedef 定义类型

（1）声明 INTEGER 为整型：

typedef int INTEGER

（2）声明结构类型：

typedef struct{

　int month；

　int day；

　int year；}DATE；

（3）声明字符指针类型：

typedef char *STRING；

（4）定义数组类型：

① 先按定义数组变量形式书写：

int n[100]；

② 将变量名 n 换成自己指定的类型名：

int NUM[100]；

③ 在前面加上 typedef，得到：

```
typedef int NUM[100];
```
④ 用来定义变量：NUM n；

4.1.3 文件的基本概念和主要应用

1. 文件的基本概念和文件结构

1）ASCⅡ文件和二进制文件

ASCⅡ文件便于对字符进行逐个处理，也便于输出字符，但一般占存储空间较多，而且要花费一定的转换时间。

二进制文件可以节省外存空间和转换时间，但一个字节并不对应一个字符，不能直接输出字符形式。

2）设备文件和普通文件

设备文件是保存计算机设备信息和接口的文件，这是 Linux 操作系统的独有形式，计算机的所有设备都以文件的形式提供给应用程序使用。

普通文件就是平时所见的大多数文件，它的特点是不包含文件系统的结构信息。

2. 文件类型指针（FILE 类型指针）的使用

文件类型指针定义：

FILE *fp;

fp 是一个指向 FILE 类型结构体的指针变量，指向操作系统提供的文件控制块（结构体变量）。

文件操作流程：

打开——读或写——关闭文件。

打开文件：FILE *fp;

fp=fopen（文件名，使用文件方式）；

文件名格式："磁盘：路径\\文件名"

3. 文件的主要使用方式

文件的主要使用方式如表 4.1 所示。

表 4.1　文件的主要使用方式

文件使用方式	含义
"r"	（只读）为输入打开一个文本文件
"w"	（只写）为输出打开一个文本文件
"a"	（追加）向文本文件尾增加数据
"rb"	（只读）为输入打开一个二进制文件
"wb"	（只写）为输出打开一个二进制文件
"r+"	（读写）为读/写打开一个文本文件

文件使用方式	含义
"w+"	（读写）为读/写建立一个新的文本文件
"a+"	（读写）为读/写打开一个文本文件
"rb+"	（读写）为读/写打开一个二进制文件
"wb+"	（读写）为读/写建立一个新的二进制文件
"ab+"	（读写）为读/写打开一个二进制文件

4. 文件的打开与关闭操作

1）打开函数 fopen()

FILE * fp;

fp=fopen("e:\\abc\\myfile.txt","r");

if(fp==NULL)

{   printf("文件打开失败！");

        exit(0);

}

…

2）关闭函数 fclose()

fclose（文件指针）;

fclose（fp）;

5. 文件的读写函数

1）单个字符输入输出函数

fputc(ch, fp);

ch=fgets(fp);

2）字符串输入输出函数

fputs(str, fp);

fputs(str, n, fp); //读取 n-1 个字符，或遇到了换行符'\n'或到文件结束标志。

3）格式化读写函数

fprintf(fp, 格式字符串, 输出表列);

fscanf(fp, 格式字符串, 输入表列);

4）数据块读写函数

fread (buffer, size, count, fp);

fwrite(buffer, size, count, fp);   //正确时返回 count

5）判断文件结束

函数 feof(fp);

//到达文件结尾时为 1，否则为 0。

例 4.7 文件的读写函数应用。

```c
#include <stdio.h>
#define SIZE 4
struct student_type
{
    char name[10];
    int num;
    int age;
    char addr[15];
}stud[SIZE];
void save( )
 {
 FILE *fp;
 int i;
 if((fp=fopen("stu-list","wb"))==NULL)
{ printf("cannot open file\n");     return;   }
for(i=0;i<SIZE;i++)
   if(fwrite(&stud[i], sizeof(struct student_type), 1, fp)!=1)
       printf("file write error\n");
fclose(fp);
}
main()
{
int i;
 for(i=0;i<SIZE; i++)
  scanf("%s%d%d%s",
    stud[i].name, &stud[i]. num,
    &stud[i].age, stud[i]. addr);
     save( );
}
```

结果为把输入的内容保存在文件上。

6. 文件的定位函数

1）rewind()

该函数将文件读写位置指针"反绕至头"。函数形式为:

rewind (fp);

2）fseek()

该函数用来定位到任意计算位置，实现随机读写。函数形式为:

fseek(文件类型指针，位移量，起始点)

起始点：

SEEK_SET　　　0　　　　//文件开头

SEEK_CUR　　　1　　　　//文件当前位置

SEEK_END　　　2　　　　//文件末尾

例如：位移量：以起始点为基点，向前移动的字节数，为 long 型。

fseek(fp, 100L, 0)；//移到文件头后 100 个字节处

fseek(fp, -50L, 1)；//移到离当前位置前 50 个字节处

fseek(fp, -50L, 2)；//从文件末尾处向前退 10 个字节

4.2　第一个 Linux C 程序

例 4.8　设计一个程序，要求在屏幕上输出"这是第一个 Linux C 程序!"。

步骤 1：设计编辑源程序代码。

使用文本编辑器 vim，在终端中输入：

gedit 4-8.c 或者 vi 4-8.c

在 4-8.c 文件中输入以下程序代码：

```
/*4-8.c 程序:在屏幕上输出"这是第一个 Linux C 程序!"*/
#include <stdio. h>      /*文件预处理,包含标准输入输出库*/
int main()     /*C 程序的主函数，开始入口*/
{
     printf("这是第一个 Linux C 程序!\n"); /*C 程序的内容,在屏幕上打印输出*/
     return 0;
}
```

输入完成后存盘：按【ESC】键→输入":wq"回车

步骤 2：编译程序。

查看当前目录下是否有 4-8.c 文件，输入命令：

ls 4-8.c

编译：

gcc 4-8.c -o 4-8

步骤 3：运行程序

ls 4-8.c 4-8

./4-8

这是第一个 Linux C 程序!

Linux 下的文本编辑器软件主要有 vim、gedit 和 Emacs，Linux 下的 C 编译器中，gcc 是功能最强大、使用最广泛的软件。

gcc 编译的常用格式为：

gcc C 源文件 -o 目标文件名

或

gcc -o 目标文件名 C 源文件

或

gcc 目标文件名

最后一种情况目标文件名默认为：c.out。

printf 函数说明如表 4.2 所示。

表 4.2　printf 函数

所需头文件	#include<stdio.h>
函数功能	格式化输出数据
函数原型	int printf(const char *format,……);
函数传入值	字符串
函数返回值	执行成功则返回实际输出的字符数，失败则返回-1，错误原因存于 errno 中
相关函数	scanf, snprintf
备注	printf()会根据参数 format 字符串来转换并格式化数据，然后将结果输出到标准输出设备，直到出现字符串"\0"为止。 参数 format 字符串可包含 3 种字符类型：① 一般文本，直接输出;② ASCII 控制字符，如\t、\n 等；③ 格式转换字符

4.3　GCC 编译器

在 Linux 系统下开发应用程序时，绝大多数情况下使用的都是 C 语言，因此几乎每一位 Linux 程序员面临的首要问题都是如何灵活运用 C 编译器。目前 Linux 下最常用的 C 语言编译器是 GCC（GNU Compiler Collection），它是 GNU 项目中符合 ANSI C 标准的编译系统，能够编译用 C、C++和 Object C 等语言编写的程序。GCC 不仅功能非常强大，结构也异常灵活，最值得称道的一点就是它可以通过不同的前端模块来支持各种语言，如 Java、Fortran、Pascal、Modula-3 和 Ada 等。

Linux 系统下的 GCC（GNU C Compiler）是 GNU 推出的功能强大、性能优越的多平台编译器，是 GNU 的代表作品之一。GCC 是可以在多种硬体平台上编译出可执行程序的超级编译器，其执行效率与一般的编译器相比平均效率要高 20% ~ 30%。

支持 GCC 编译的文件后缀名如表 4.3 所示。

表 4.3　支持 GCC 编译的文件后缀名

后缀名	对应的语言	后缀名	对应的语言
.c	C 原始程序	.ii	已经预处理过的 C+原始程序
.C	C++原始程序	.s	汇编语言原始程序
.cc	C++原始程序	.S	汇编语言原始程序
.cxx	C++原始程序	.h	预处理文件(头文件)
.m	Objective-C 原始程序	.o	目标文件
.i	已经预处理过的 C 原始程序	.a/.so	编译后的库文件

4.3.1　第一次编译

在学习使用 GCC 之前，下面的这个例子能够帮助用户迅速理解 GCC 的工作原理，并将其立即运用到实际的项目开发中去。首先用熟悉的编辑器输入如下所示的代码：

```
#include<stdio.h>
int main(){
        printf("hello word!Linux c!\n ");
        return 0;
}
```

将上面的代码保存为 hello.c，然后用户就可以在终端中对上面的 C 语言代码进行编译了。我们将编译出的新文件其名为 hello，最后执行编译好的文件。

上面在编译的时候，在 GCC 的后面加入了选项-o 进行新文件的重命名，如果不加入这个选项，那么新文件就会默认为 a.out。如果再次编译其他的文件，同样不进行重命名的话，那么这里的 a.out 将会被覆盖掉。

在使用 GCC 编译器的时候，我们必须给出一系列必要的调用参数和文件名称。GCC编译器的调用参数大约有 100 多个，其中大多数参数一般是用不到的，这里只介绍其中最基本、最常用的参数。

GCC 最基本的用法是：

gcc [options] [filenames]

其中，options 就是编译器所需要的参数，filenames 给出相关的文件名称。具体参数如下：

-c：只编译，不链接成为可执行文件，编译器只是由输入的.c 等源代码文件生成.o为后缀的目标文件，通常用于编译不包含主程序的子程序文件。

-o output_filename：确定输出文件的名称为 output_filename，同时这个名称不能和源文件同名。如果不给出这个选项，GCC 就给出预设的可执行文件 a.out。

-g：产生符号调试工具（GNU 的 gdb）所必要的符号资讯，如果要想对源代码进行调试，我们就必须加入这个选项。

-O：对程序进行优化编译、连接，采用这个选项，整个源代码会在编译、连接过程中进行优化处理，这样产生的可执行文件的执行效率可以提高，但是编译、连接的速度就相应地要慢一些。

-O2：比-O 更好的优化编译、连接，当然整个编译、连接过程会更慢。

4.3.2　GCC 编译的基本流程

1. C 预处理

C 预处理器 CPP 是用来完成对于程序中的宏定义等相关内容进行先期的处理。一般是指那些前面含有"#"号的语句，这些语句一般会在 CPP 中处理。例如：

#define MR(25*4)

printf("%d", MR*5);

经过 CPP 的处理后，就会变成如下格式传递到代码中：

printf("%d", (25*4)*5);

其实不难看出，CPP 的作用就是解释后定义和处理包含文件。在使用时，GCC 会自动调用 CPP 预处理器。

2. 编译

编译的过程就是将输入的源代码和预处理相关文件编译为".o"的目标文件。

3. 汇编

在使用 GCC 编译程序的时候，会产生一些汇编代码，而处理这些汇编代码就需要使用汇编器 as，as 可以处理这些汇编代码，从而使其成为目标文件，最终目标文件转换成.o文件或其他可执行文件。而且 as 汇编器和 CPP 一样，可以被 GCC 自动调用。

4. 链接

在处理一个较大的 C 语言项目时，我们通常会将程序分割成很多模块，那么这时候就需要使用链接器将这些模块组合起来，并且结合相应的 C 语言函数库和初始代码，产生最后的可执行文件。链接器一般用在一些大的程序和项目中，对最后生成可执行文件起着重要的作用。

虽然 GCC 可以自动调用链接器，但是为了更好地控制连接过程，建议最好手动调用连接器。

5. 警告

GCC 包含完整的出错检查和警告提示功能，它们可以帮助 Linux 程序员写出更加专业和优美的代码。先来看看下面所示的程序，这段代码写得很有问题，仔细检查一下不难挑出很多毛病：

#include <stdio.h>

void main(void)

{

　　long long int var = 1;

```
        printf("It is not standard C code!\n");
    }
```

（1）main 函数的返回值被声明为 void，但实际上应该是 int。

（2）使用了 GNU 语法扩展，即使用 long long 来声明 64 位整数，不符合 ANSI/ISO C 语言标准。

（3）main 函数在终止前没有调用 return 语句。

下面来看看 GCC 是如何来发现这些错误的。当 GCC 在编译不符合 ANSI/ISO C 语言标准的源代码时，如果加上了-pedantic 选项，那么使用了扩展语法的地方将产生相应的警告信息：

```
# gcc -pedantic illcode.c -o illcode illcode.c: In function `main': illcode.c:9: ISO C89 does not support `long long' illcode.c:8: return type of `main' is not `int'
```

值得注意的是，-pedantic 编译选项并不能保证被编译程序与 ANSI/ISO C 标准的完全兼容，它仅仅只能用来帮助 Linux 程序员离这个目标越来越近。换句话说，-pedantic 选项能够帮助程序员发现一些不符合 ANSI/ISO C 标准的代码，但不是全部，事实上只有 ANSI/ISO C 语言标准中要求进行编译器诊断的那些情况，才有可能被 GCC 发现并提出警告。

除了-pedantic 之外，GCC 还有一些其他编译选项也能够产生有用的警告信息。这些选项大多以-W 开头，其中最有价值的当数-Wall，使用它能够使 GCC 产生尽可能多的警告信息：

```
# gcc -Wall illcode.c -o illcode illcode.c:8: warning: return type of `main' is not `int' illcode.c: In function `main': illcode.c:9: warning: unused variable `var'
```

GCC 给出的警告信息虽然从严格意义上说不能算作是错误，但却很可能成为错误的栖身之所。作为一个优秀的 Linux 程序员应该尽量避免产生警告信息，使自己的代码始终保持简洁、优美和健壮的特性。

在处理警告方面，另一个常用的编译选项是-Werror，它要求 GCC 将所有的警告当成错误进行处理，这在使用自动编译工具（如 Make 等）时非常有用。如果编译时带上-Werror 选项，那么 GCC 会在所有产生警告的地方停止编译，迫使程序员对自己的代码进行修改。只有当相应的警告信息消除时，才可能将编译过程继续朝前推进。执行情况如下：

```
# gcc -Wall -Werror illcode.c -o illcode cc1: warnings being treated as errors illcode.c:8: warning: return type of `main' is not `int' illcode.c: In function `main': illcode.c:9: warning: unused variable `var'
```

对 Linux 程序员来讲，GCC 给出的警告信息是很有价值的，它们不仅可以帮助程序员写出更加健壮的程序，而且还是跟踪和调试程序的有力工具。建议在用 GCC 编译源代码时始终带上-Wall 选项，并把它逐渐培养成为一种习惯，这对找出常见的隐式编程错误很有帮助。

6. GCC 调试

一个功能强大的调试器不仅为程序员提供了跟踪程序执行的手段，而且还可以帮助程序员找到解决问题的方法。对于 Linux 程序员来讲，GDB（GNU Debugger）通过与 GCC 的配合使用，为基于 Linux 的软件开发提供了一个完善的调试环境。

默认情况下，GCC 在编译时不会将调试符号插入到生成的二进制代码中，因为这样会增加可执行文件的大小。如果需要在编译时生成调试符号信息，可以使用 GCC 的-g 或者-ggdb 选项。GCC 在产生调试符号时，同样采用了分级的思路，开发人员可以通过在-g 选项后附加数字 1、2 或 3 来指定在代码中加入调试信息的多少。默认的级别是 2(-g2)，此时产生的调试信息包括扩展的符号表、行号、局部或外部变量信息。级别 3(-g3)包含级别 2 中的所有调试信息，以及源代码中定义的宏。级别 1(-g1)不包含局部变量和与行号有关的调试信息，因此只能够用于回溯跟踪和堆栈转储。回溯跟踪指的是监视程序在运行过程中的函数调用历史，堆栈转储则是一种以原始的十六进制格式保存程序执行环境的方法，两者都是经常用到的调试手段。

GCC 产生的调试符号具有普遍的适应性，可以被许多调试器加以利用，但如果使用的是 GDB，那么还可以通过-ggdb 选项在生成的二进制代码中包含 GDB 专用的调试信息。这种做法的优点是可以方便 GDB 的调试工作，但缺点是可能导致其他调试器（如 DBX）无法进行正常的调试。选项-ggdb 能够接受的调试级别和-g 是完全一样的，它们对输出的调试符号有着相同的影响。

值得注意的是，使用任何一个调试选项都会使最终生成的二进制文件的大小急剧增加，同时增加程序在执行时的开销，因此调试选项通常仅在软件的开发和调试阶段使用。调试选项对生成代码大小的影响可以从下面的对比过程中看出：

#gcc optimizec.c -o optimize

#ls optimize-1 -rwxrwxr-x 1 xiaowp xiaowp 11649 Nov 2008: 53 optimize (未加调试选项)

gcc -g optimize.c -o optimize

#ls optimize-1-rwxrwxr-x 1 xiaowp xiaowp 15889 Nov 20 08: 54 optimlze(加入调试选项)

虽然调试选项会增加文件的大小，但事实上 Linux 中的许多软件在测试版本甚至最终发行版本中仍然使用了调试选项来进行编译，这样做的目的是鼓励用户在发现问题时自己动手解决，这是 Linux 的一个显著特色。

下面还是通过一个具体的实例说明如何利用调试符号来分析错误，所用程序如下所示：

```
#include < stdio. h>
int main (void)
{
    int input=0
    printf("Input an integer: ");
    scanf("%d",input);
    printf("The integer you input is %0d\n", input);
}
```

7. 代码优化

代码优化指的是编译器通过分析源代码,找出其中尚未达到最优的部分,然后对其重新进行组合,目的是改善程序的执行性能。GCC 提供的代码优化功能非常强大,它通过编译选项-On 来控制优化代码的生成,其中 n 是一个代表优化级别的整数。对编译时使用选项-O 可以告诉 GCC 同时减小代码的长度和执行时间,其效果等价于-O1。在这一级别上能够进行的优化类型虽然取决于目标处理器,但一般都会包括线程跳转(Thread Jump)和延迟退栈(Deferred Stack Pops)两种优化。选项-O2 告诉 GCC 除了完成所有-O1 级别的优化之外,同时还要进行一些额外的调整工作,如处理器指令调度等。选项-O3 则除了完成所有 O2 级别的优化之外,还包括循环展开和其他与处理器特性相关的优化工作。通常来说,数字越大优化的等级越高,同时也就意味着程序的运行速度越快。许多 Linux 程序员都喜欢使用-O2 选项,因为它在优化长度、编译时间和代码大小之间,取得了一个比较理想的平衡点。

4.3.3 使用 GCC

1. GCC 指令的一般格式

gcc [参数] 要编译的文件 [参数] [目标文件]

例 4.9 设计一个程序,要求把输入的百分制的成绩转换成五级制输出。输入成绩大于等于 90 分,显示“优秀”;若成绩介于 80 ~ 90 分,显示“良好”;若成绩介于 70 ~ 80 分,显示“中等”;若成绩介于 60 ~ 70 分,显示“及格”;若成绩小于 60 分,显示“不及格”。

步骤 1:编辑源程序代码

打开文件:vi 4-9.c

在 4-9.c 文件中输入以下程序代码:

```
/ * 4-9.c 程序:百分制换算成五级制*/
# include < stdio . h >    /*文件预处理,包含标准输入输出库*/
int main( )           /*C 程序的主函数,开始入口*/
{
int score;
printf ("请输入成绩: ") ;/*在屏幕上打印输出"请输入成绩:",并等待输入 */
scanf ("% d",&score ) ;    /*接收输入的成绩,赋值给变量 score*/
if ( score>=90 )          /*用输入的成绩判断等级并输出*/
printf ("优秀\n" ) ;
else if ( score>=80 )
printf ("良好\n" ) ;
else if ( score>=70 )
printf ("中等\n" ) ;
else if ( score>=60 )
```

```
printf ("及格\n" ) ;
else
printf ("不及格\n" ) ;
}
```

步骤 2：用 gcc 编译程序。

gcc 4-9.c –o 4-9

步骤 3：运行程序

./4-9

2. GCC 编译流程

GCC 编译流程如图 4.2 所示。

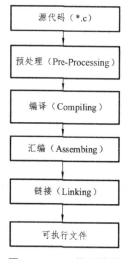

图 4.2　GCC 编译流程

例 4.10　设计一个程序，要求输入两个整数，求和输出。通过使用 GCC 的参数，控制 GCC 的编译过程，了解 GCC 的编译过程，进一步感受 GCC 的灵活性。

步骤 1：编辑源程序代码。

打开文件：vi 4-10.c

在 4-10.c 文件中输入以下程序代码：

```
/ * 4-10 . c 程序：求和程序*/
 #include < stdio . h  >    /*文件预处理，包含标准输入输出库*/
int main ( )       /*主程序的主函数，开始入口*/
{
int a, b , sum;
printf ("请输入第一个数:\n"); /*在屏幕上打印输出"请输入第一个数："并等待输入*/
scanf (" % d",&a ) ;
printf ("请输入第二个数:\n"); /*在屏幕上打印输出"请输入第二个数："并等待输入*/
scanf (" % d",&b ) ;
```

```
sum=a+b;              /*求和*/
printf ("两数之和是：% d",sum)；/*输出和*/
}
```
步骤 2：预处理阶段。

gcc 4-10.c -o 4-10.i -E

vim   4-10.i

步骤 3：编译阶段。

gcc 4-10.i -o 4-10.s -S

vim 4-10.s

步骤 4：汇编阶段。

gcc 4-10.s -o 4-10.o -c

步骤 5：链接阶段。

Linux 系统把 printf 和 scanf 函数的实现，都放在了 libc.so.6 的库文件中。在没有参数指定时，GCC 到系统默认的路径"/usr/lib"下查找，链接到 libc.so.6 库函数中去，这样就有了 printf 和 scanf 函数的实现部分。把程序中一些函数得以实现，这是链接阶段的工作。

完成链接后，GCC 就可以生成可执行程序文件。

注意：GCC 在编译的时候默认使用动态链接库，编译链接时并不把库文件的代码加入可执行文件中，而是在程序执行的时候动态加载链接库，这样可以节省系统开销。

scanf 函数说明如表 4.4 所示。

表 4.4   scanf 函数

所需头文件	#include\<stdio.h\>
函数功能	格式化数据输入
函数原型	int scanf(const char *format,…);
函数传入值	字符串
函数返回值	执行成功则返回参数数目，失败则返回-1，错误原因存于 errno 中
相关函数	fscanf, snprintf
备注	scanf()会将输入的数据根据参数 format 字符串来转换并格式化数据，格式转换的一般形式：%[*][size][1][h]type

4.3.4 GCC 编译器的主要参数

1. 总体参数

GCC 编译器的主要参数如表 4.5 所示。

表 4.5　GCC 编译器的主要参数

参数	含义	参数	含义
-c	只是编译不链接	-v	显示 GCC 的版本信息
-S	只是编译不汇编，生成汇编代码	-I dir	在头文件的搜索路径中添加 dir 目录
-E	只进行预编译	-L dir	在库文件的搜索路径列表中添加 dir 目录
-g	在可执行程序中包含调试信息	-static	链接静态库
-o file	把输出文件输出到 file 中	-l library	连接名为 library 的库文件

当头文件与 GCC 不在同一目录下要用-I dir 编译，它是指头文件，而添加库文件时需用-L dir 参数。

例 4.11　设计一个程序，要求把输入的字符串原样输出，程序中的头文件用户自定义，源程序文件为"4-11.c"，自定义的头文件为"my.h"，放在目录"/root"下。

步骤 1：设计编辑源程序代码 4-11.c。

#vim　4-11.c

在 4-11.c 文件中输入以下程序代码：

/ *4-11.c 程序：把输入的字符串原样输出*/

include < my . h >　/*文件预处理，包含自定义的库文件"my.h"　*/

int main ( )　　　　/*C 程序的主函数，开始入口*/

{

　　char ch;

　　while((ch=getchar()))!=EOF)　/*判断输入是否结束，终端下按回车结束输入*/

　　putchar (ch) ;　/*输出字符串*/

　　return 1;

}

步骤 2：设计编辑自定义的头文件 my.h。

#vim my.h

/*my.h 程序：自定义的头文件*/

#include < stdio . h >　/*文件预处理，包含标准输入输出库*/

步骤 3：正常编译 4-11.c 文件。

gcc 4-11.c -o 4-11

编译器提示出错。

步骤 4：加"-I dir"参数编译。

[root@localhost root]#gcc 4-11.c –o 4-11 –I /root

注意：在 include 语句中，"<>"表示在默认路径"/usr/include"中搜索头文件，引号" "表示在本目录中搜索。因此，把前面 4-10.c 中的"#include <my.h>"改成"#include "my.h""，就不需要"-I dir"参数也能正确编译了。

getchar 函数说明如表 4.6 所示。

表 4.6   getchar 函数

所需头文件	#include<stdio.h>
函数功能	由标准输入设备内读进一字符
函数原型	int getchar(void);
函数传入值	无
函数返回值	执行成功则返回读取到的字符，失败则返回 EOF
相关函数	fopen，fread，fscanf，getc
备注	getchar()用来从标准输入设备（如键盘）中读取一个字符，然后将该字符从 unsigned char 转换成 int 后返回。getchar()非真正函数，而是 getc(stdin)宏定义

putchar 函数说明如表 4.7 所示。

表 4.7   putchar 函数

所需头文件	#include<stdio.h>
函数功能	将指定的字符写到标准输出设备
函数原型	int putchar(int c);
函数传入值	字符
函数返回值	执行成功则返回输出成功的字符，失败则返回 EOF
相关函数	fopen，fwrite，fscanf，fputcc
备注	putchar()用来将参数 c 字符写到标准输出设备（如屏幕）。putchar()非真正函数，而是 putc(c,stdout)宏定义

使程序 4-11.c 用到目录 "/root/lib" 下的一个动态库 libsunq.so：

gcc 1-5.c –o 1-5.c –L /root/lib –lsunq

Linux 下的库文件命名时有一个规定：必须以 1、i、b 三个字母开头，因此，在用 "-l" 指定链接库文件时可以省去 1、i、b 三个字母。也就是说 "-llibsunq" 有时候写成 "-lsunq"。

例 4.12   设计一个程序，要求把输入的数字作为 X 轴坐标，算出它的 sin 值。

步骤 1：编辑源程序代码。

vim 4-12.c

在 4-12.c 文件中输入以下程序代码：

```
/*4-12.c 程序：把输入的数字作为 X 轴坐标，算出它的 sin 值*/
#include <stdio.h>          /*文件预处理，包含标准输入输出库*/
#include <math.h>           /*文件预处理，包含数学函数库*/
int main()                  /*C 程序的主函数. 开始入口*/
{
    double a,b;
    printf("请输入数字（X 轴坐标）：");
    scanf("%If",&a);        /*调用数学函数计算*/
```

```
printf ("sin ( % if) =lf \ n",a , b );
}
```
步骤 2：用 gcc 编译程序。

gcc 4-12.c -o 4-12

结果发现编译器报错：

```
/tmp/ccjPJnA.o(.text+0x3e): In function `main':
: undefined reference to `sin'
collect2: ld returned 1 exit status
```

原因是需要指定函数的具体路径来查找函数 sin，输入：

nm -o /lib/*.so|grep sin

```
..................................................
/lib/libm-2.3.2.so:00008610 W sin
/lib/libm-2.3.2.so:00008610 t __sin
..................................................
```

在/lib/libm-2.3.2.so:00008610 W sin 中除去函数库头 lib 及函数的版本号-2.3.2，所余下的符号为"m"，在编译时用字符"l"与余下的符号"m"相连成"lm"，在编译时加上此参数就能正确地通过编译，即：

gcc 4-12.c -o 4-12 -lm

步骤 3：运行程序。

./4-12

注意：Linux 下动态链接库默认后缀名为".so"，静态链接库默认后缀名为".a"。

GCC 的常用告警和出错参数如表 4.8 所示。

表 4.8　GCC 的常用告警和出错参数

参数	含义
-ansi	支持符合 ANSI 的 C 程序
-pedantic	允许发出 ANSI C 标准所列的全部警告信息
-pedantic- error	允许发出 ANSI C 标准所列的全部错误信息
-w	关闭所有告警
-wall	允许发出 GCC 提供的所有有用的告警信息
-Werror	把所有的告警信息转化为错误信息，并在告警发生时终止编译

例 4.13　设计一个程序，要求打印"这是一段用于测试的垃圾程序!"，里面包含一些非标准语法。

步骤 1：设计编辑源程序代码。

[root@localhost root]#vim　4-13.c

在 4-13.c 文件中输入以下程序代码：

```
/ *4-13. c 程序：用于测试的垃圾程序*/
#include < stdio.h >      /*文件预处理，包含标准输入输出库*/
void main ( )            /*C 程序的主函数，开始入口*/
{
    long long tmp=1;      /*定义变量*/
    printf ("这是一段用于测试的垃圾程序！\n");      /*输出字符串*/
    return 0;
}
```

步骤 2：关闭所有告警。

gcc 4-13.c -o 4-13 -w

步骤 3：显示不符合 ANSI c 标准语法的告警信息。

gcc 4-13.c -o 4-13 -ansi

步骤 4：允许发出 ANSI c 标准所列的全部警告信息。

gcc 4-13.c -o 4-13 -pedantic

步骤 5：允许发出 GCC 提供的所有有用的告警信息。

gcc 4-13.c -o 4-13 -Wall

2. 优化参数

代码优化指的是编译器通过分析源代码，找出其中尚未达到最优的部分，然后对其重新进行组合，目的是改善程序的执行性能。

GCC 提供的代码优化功能非常强大，它通过编译参数"-On"来控制优化代码的生成，其中 n 是一个代表优化级别的整数。

通常来说，数字越大优化的等级越高，同时也就意味着程序的运行速度越快。

例 4.14 设计一个程序，要求循环 8 亿次左右，每次都有一些可以优化的加减乘除运算，比较 GCC 的编译参数"-On"优化程序前后的运行速度。

步骤 1：编辑源程序代码。

在 4-14.c 文件中输入以下程序代码：

```
/ *4-14.c 程序：用于测试代码优化的复杂运算程序*/
#include  < stdio . h >    /*文件预处理，包含标准输入输出库*/
int main ( void )        /*C 程序的主函数，开始入口*/
{
    double counter ;    /*全义双精度实型变量*/
    double result ;
    double temp;
    for ( counter =0 ;counter < 4000.0 * 4000.0 * 4000.0 / 20.0 + 2030 );counter += ( 5-3
+ 2 + 1 ) / 4 )    /*循环 8 亿多次，每次都有加减乘除运算* /
    {
        temp= counter / 1239 ;
```

```
        result=counter;
    }
    printf("运算结果是：% lf \ n", result )；/*输出运算结果*/
}
```

步骤 2：不加任何优化参数进行编译。

gcc 4-14.c -o 4-14

步骤 3：用 time 命令大致统计出该程序在运行时所需要的时间。

time ./4-14

运行结果：

3200002029.000000

real   om16.763s

user   om16.615s

sys   om0.004s

步骤 4：加 "-O2" 优化参数进行编译。

gcc 4-14.c -o 4-14 -O2

步骤 5：再统计优化后的程序运行时所需要的时间。

time ./4-14

运行结果：

3200002029.000000

real   om6.255s

user   om6.187s

sys   om0.004s

步骤 6：对比两次执行的输出结果。

优化虽然能够给程序带来更好的执行性能，但在一些场合中应该避免优化代码：

（1）程序开发的时候。

（2）资源受限的时候。

（3）跟踪调试的时候。

4.4 GDB 调试器

　　无论是刚刚接触编程的初学者还是已经在编程工作上有着丰富经验的工程师，在编写一个程序时，往往会出现意想不到的错误，即实现同一功能的程序算法可能是一样的，但是出现错误的原因却可能是千奇百怪的。因此在完成一个项目后，对这个项目程序的调试与多次测试是必不可缺的。GDB 调试器就是 Linux 平台上最常用的调试工具。通过设置断点、单步跟踪、显示数据等功能可以快速找到故障点，对程序进行改正完善。

4.4.1 GDB 调试器概述

在 Linux 平台下，GNU 发布了一款功能强大的调试工具，称为 GDB（GNU Debugger），该软件最早是由 Richard Stallman 编写的，GDB 是一个用来调试 C 和 C++程序的调试工具，其工作在命令模式下，需要通过输入命令来实现对应用程序的调试。通过此调试工具用户可以在程序运行时观察程序的内部结构和内存的使用情况。

关于 GDB 调试器，它是在终端通过输入命令进入调试界面的，在调试的过程中，也是通过命令来进行调试的。在终端中输入 GDB 命令，就可以进入到 GDB 调试的界面。

gdb 调试器主要实现 3 方面的功能，分别如下：

（1）启动被调试的程序。

（2）使被调试的程序在指定位置停住。

（3）当程序被停住时，可以检查程序此时的状态，如变量的值。

为了使调试器实现上述 3 方面功能，可以使用如下 5 条命令进行操作：

（1）启动程序：启动程序时，可以设置程序的运行环境，使程序运行在 GDB 调试环境下。

（2）设置断点：在运行程序时，程序会在断点处停住，方便用户查看程序此时的运行情况，断点可以是行数，也可以是函数名称或者条件表达式。

（3）查看信息：可以查看和可执行程序相关的各种信息。

（4）分布运行：可以使代码一句一句的执行，方便及时查看程序的信息。

（5）改变环境：可以在程序运行时改变程序的运行环境和程序变量。

4.4.2 使用 GDB 调试程序

使用 GDB 调试工具是通过在 bash 命令行中输入命令进行调试来实现的，虽然使用命令进行调试比较烦琐，没有比使用类似 Visual C++6.0 的可视化图形模式调试程序方便、易懂，但是一旦熟悉了这些调试的命令，就可以体会到 GDB 调试工具所具有的独特的强大功能。在学习 GDB 调试工具的基本功能与常用命令之前，先初步认识一下如何使用 GDB 调试工具进行调试。

例 4.15　设计一个程序，要求输入两个整数，判断并输出其中的最小数。

步骤 1：编辑源程序代码。

#vi 4-15.c

在 4-15.c 文件中输入以下程序代码：

/ * 4-15.c 程序：判断并输出两个输入整数的最小数*/

include < stdio.h >　　　/*文件预处理，包含标准输入输出库*/

int min(int x,int y) ;　　/*自定义函数说明*/

int main ( )　　　/*C 程序的主函数，开始入口*/

{

　　int a1, a2,min_int;　　/*定义 3 个变量*/

```
printf ("请输入第一个整数: ");
scanf (" % d ". &a1 );        /*输入的值赋值给变量 a1* /
printf ("请输入第二个整数: ");
scanf("% d ", & a2 );         /*输入的值赋值给变量 a2* /
min_int= min( a1 , a2 );   /*调用函数 min , 返回的最小值赋值给变量 min_int * /
printf ("最小的整数是：  % d \ n ", min_int );   /*输出最小的整数*/
}
int min (int x, int y )    / *自定义函数：比较后返回最小值* /
{
    if ( x < y )
    return x;
    else
    return y;
}
```

步骤 2：用 GCC 编译程序。

gcc 4-15.c -o 4-15 -g

步骤 3：进入 GDB 调试环境

gdb 4-15

常用的 GDB 命令如表 4.9 所示。

表 4.9　常用的 GDB 命令

命令格式	作用
List<行号>|<函数名>	查看指定位置的程序源代码
break 行号|函数名<条件表达式>	设置断点
Info break	显示断点信息
run	运行程序
print 表达式|变量	查看程序运行时对应表达式和变量的值
next	单步恢复程序运行，但不进入函数调用
step	单步恢复程序运行，且进入函数调用
continue	继续执行函数，直到函数结束或遇到新断点

注意：GDB 是命令行调试环境，调试程序都在提示符"(gdb)"后输入相应的命令，GDB 的命令很多，可以在提示符"(gdb)"后输入 help 进行查找。

步骤 4：用 GDB 调试程序。

（1）查看源文件。

在 GDB 中输入"1"(list)就可以查看程序源代码，一次显示 10 行。

注意：GDB 命令"1"(list)列出源代码的时候，要确保原来的源程序还在，如果读者以为这会像反汇编一样给出代码，那就错了，它其实只是列出源文件的内容。

（2）设置断点。

在 GDB 中设置断点命令是"b"(break)，后面跟行号或者函数名。

如：(gdb) b 10

特别提示："list 行号"用来查看指定位置的代码，如"list 1"就是从第一行开始列出源代码。

（3）查看断点信息。

用命令"info b"(info break)查看断点信息。

注意：GDB 在一个程序中可以设置多个断点，有多个断点中断时，"Num"处显示断点序号。

运行程序：输入"r"(run)开始运行程序。

注意：GDB 默认从第一行开始运行，如果要从程序中指定行开始运行，只需输入"r 行号"。

（4）查看变量值。

输入"p 变量名"设置断点，程序运行到断点处会自动暂停。

调试程序时，可能需要修改变量值，程序运行到断点处时，输入"set 变量=设定值"，例如给变量 a2 赋值 11，输入"set a2=11"。

GDB 在显示变量值时都会在对应值前加"$n"标记，它是当前变量值的引用标记，以后想再引用此变量，可以直接使用"$n"，提高了调试效率。

注意：查看变量值不能在程序结束后进行。

（5）单步运行。

在断点处输入"n"(next)或者"s"(step)。它们之间的区别在于：若有函数调用时，"s"会进入该函数，而"n"不会进入该函数。

（6）继续运行程序。

输入"c"(continue)命令恢复程序的正常运行，把剩余的程序执行完，并显示执行结果。

（7）退出 GDB 环境：输入"q"(quit)命令。

4.5 思考与实验

1. 编写一个简单的 C 语言程序：输出文字"Linux 下的 C 也不是太难嘛！"，在 Linux 下编辑、编译、运行。

2. 编写一个简单的 C 语言程序：根据输入的两个整数求平均值并且在终端输出，通过 GCC 编译器得到它的汇编程序文件。

3. 用 GDB 调试器调试上面第 2 题的程序，查看程序执行每一步变量的值，熟悉 GDB 的使用流程。

4. 编写一个 C 语言程序：打印输出所有"水仙花数"，用 GDB 调试程序（给出步骤，至少 10 步以上）。所谓"水仙花数"是指一个 3 位数，其各位数字立方和等于该数本身。例如，153 是一水仙花数，因为 $153=1^3+5^3+3^3$。

第5章　文件分割和多文件编译

5.1　函　数

函数是指功能相对独立、由一系列语句组成的模块。它的作用有：

（1）当设计一个大型程序时，如果能够将这个程序依照功能将其分割成较小的功能，然后依据这些小功能的要求编写函数，可以使程序简单化，同时也会使最后检查错误变得容易。

（2）在一个程序中，会产生指令重复使用多次的问题，将这些重复使用的指令编写成一个函数，需要时加以调用，可以提高编程效率，也可以使程序精简。

5.1.1　函数简介

C语言函数可分为库函数和用户定义函数：

（1）库函数：由 C 系统提供，用户无须定义，也不必在程序中作类型说明，只需在程序前包含有该函数原型的头文件即可在程序中直接调用。

（2）用户自定义函数：由用户按需要编写的函数。对于用户自定义函数，不仅要在程序中定义函数本身，在很多情况下还必须对该函数进行原型说明，然后才能使用。

例 5.1　设计一个程序，要求在屏幕上打印输出 5 行"Linux 程序设计，有点意思!"的字符串。

步骤 1：编辑源程序代码。

#vi 5-1.c

在 5-1.c 文件中输入以下程序代码：

```
#include < stdio . h >      /*文件预处理，包含标准输入输出库* /
int output ()         /*自定义函数，利用 printf 输出字符串*/
printf （"Linux 程序设计，有点意思! \n"）;
return 0;
int main()        /*C 程序的主函数，开始入口*/
{
    int i;
    for ( i=0;i < 5;i + + )
    output();
    return 0;
```

}

步骤 2：用 GCC 编译程序。

gcc 5-1.c -o 5-1

步骤 3：运行程序。

./5-1

在 C 语言中，所有的函数定义都是平行的，即在一个函数的函数体内，不能再定义另一个函数。但是函数之间允许相互调用，也允许嵌套调用。

习惯上把调用者称为主调函数，函数还可以自己调用自己，称为递归调用。

函数的一般形式：

函数类型　函数名(形参类型：形式参数 1，形参类型：形式参数 2，……)

{

　　　类型说明；

　　　语句；

}

5.1.2　返回值

函数调用时，主调函数把实参的值传送给被调函数的形参，从而实现主调函数向被调函数的数据传送。

函数调用中数据传送是单向的，即只能把实参的值传送给形参，而不能把形参的值反向地传送给实参。因此在函数调用过程中，形参的值发生改变，并不会影响到实参。

函数运行结束，如果被调函数的结果需要传递回主调函数，通常用 return 完成这项任务，返回的结果叫作函数的返回值。

例 5.2　设计一个程序，要求编写函数 max，该函数有两个参数，返回两个数中的最大值给主函数。

步骤 1：编辑源程序代码；

#vi 5-2.c

在 5-2.c 文件中输入以下程序代码：

```
# include < stdio . h >      /*文件预处理，包含标准输入输出库*/
int max ( int x , int y ) ; /*自定义函数声明，也可以把声明放在 main 中*/
int main ( )      /*C 程序的主函数，开始入口*/
{
    int i , j , k;
    printf ("请输入第一个整数: ") ;
    scanf (" % d",  &i ) ;
    printf ("请输入第二个整数: " ) ;
    scanf (" % d",&j ) ;
    k=max ( i , j ) ;      /*调用 max 函数，返回值传递给 k */
```

```
        ptintf("最大值是: % d \ n" , k ) ;
        return 0;
}
int max ( int   x , int   y)      /*自定义函数, 对传入的两个整数进程比较, 输出最大值
*/  {
        if ( x > y )
        return x ;
        e1se
        return y ;
}
```

步骤 2: 用 GCC 编译程序。

gcc 5-2.c -o 5-2

步骤 3: 运行程序。

./5-2

5.2 文件分割

例 5.3   设计一个程序, 要求计算输入整数的平均值, 并将此程序分割成多个小文件。

步骤 1: 编辑源程序代码。

#vi 5-3.c

在 5-3.c 文件中输入以下程序代码:

```
#include < stdio . h>      /*文件预处理, 包含标准输入输出库*/
float avg ( int val[],int num )      /*自定义函数, 计算返回数组元素的平均值*/
{
        float avrg=0.0;
        int i;
        for ( i=0;i<num; i + + )
        avrg+=var[i];
        avrg/=num;
        return ( avrg );
}
int main( )      /*C 程序的主函数, 开始入口*/
{
        int n , i;
        float average;
        printf("请输入需要计算的整数个数: ") ;
        scanf(" % d", &n ) ;
```

```
    int    array[n] ;
    for ( i=1 ; i<=n;i + + )
    {
        printf("请输入第% d 个整数： " ,i+1）  ;
        scanf ("% d ",&array [ i ] ) ;
    }
    average=avg(array,n);/*调用 avg 函数，返回值传递给 average * /
    printf ("所有%d 个整数的平均值是：%6.2f \ n", n , average）;
    return 0;
}
```

步骤 2：分析程序、分割文件。

将此程序分割成下面 2 个 Linux C 程序。

（1）5-3-main.c 为主程序：

```
/*5-3-main.c 程序：计算数组的平均值*/
#include < stdio . h>    /*文件预处理，包含标准输入输出库*/
float avg（int val[],int num）   /*自定义函数，计算返回数组元素的平均值*/
int main( )    /*C 程序的主函数，开始入口*/
{
    int n , i;
    float average;
    printf ("请输入需要计算的整数个数: ") ;
    scanf (" % d",  &n）;
    int array[n] ;
    for ( i=1 ; i<=n;i + + )
    {
        printf("请输入第%d 个整数：", i+1）;
        scanf ("% d ",&array [ i ] ) ;
    }
    average=avg(array,n);   /*调用 avg 函数，返回值传递给 average * /
    printf ("所有%d 个整数的平均值是：%6.2f \ n", n , average）;
    return 0;
}
```

（2）5-3-avg.c 为 avg 函数的定义：

```
/*5-3-avg.c 程序：avg 函数的定义*/
float avg（int val[],int   num）   /*自定义函数，计算返回数组元素的平均值*/
{
    float avrg=0.0;
    int i;
```

```
    for ( i=0;i<num; i + + )
    avrg+=var[i];
    avrg/=num;
    return ( avrg );
}
```

步骤 3：用 GCC 编译程序。

gcc 5-3-main.c 5-3-avg.c -o 5-3

步骤 4：运行程序

./5-3

Linux C 文件分割，主要是把每个自定义函数分割成独立的 C 源程序文件，自定义函数的声明部分需要包含在主调函数中，这儿的主调函数是 main。

如果自定义函数较多，也可以把函数声明都分割成独立的头文件，在主调函数中用 #include 包含分割出来的头文件。

例 5.4　分割例 5.2 中的程序，要求分割后自定义函数在另一个独立的文件中。

步骤 1：分析程序、分割文件。

例 5.3 程序中有主函数 main 和自定义函数 max，把函数声明都分割成独立的头文件，可将此程序分割成下面 3 个文件。

(1) 5-4-main.c 为主程序：

```
#include<stdio.h>      /*文件预处理，包含标准输入输出库*/
#include"max.h"        /*文件预处理，包含自定义函数的声明*/
int main()             /*C 程序的主函数，开始入口*/
{
    int i,j,k;
    printf("请输入第一个整数: ");
    scanf("%d",&i);
    printf("请输入第二个整数: ");
    scanf("%d",&j);
    k=max(i,j);        /*调用 max 函数，返回值传递值给 k*/
    printf("最大值是：%d\n",k);
    return 0;
}
```

(2) 5-4-max.c 为 max 函数的定义：

```
int max(int x,int y)     /*自定义函数，对传入的两个整数进程比较，输出最大值*/
{
    if(x>y)
        return x;
    else
    return y;
```

}
(3) max.h 为头文件，内含 max 函数的声明：

/*max.h 头文件：内含 max 函数的声明*/

int max (int x,int y); /*自定义函数声明，也可以把声明放在 main 中*/

步骤 2：用 GCC 编译程序。

gcc 5-4-main.c 5-4-max.c –o 5-4

步骤 3：运行程序。

./5-4

5.3 make 工程管理器

make 工程管理器是一个"自动编译管理器"，这里的"自动"是指它能够根据文件时间戳自动发现更新过的文件而减少编译的工作量，同时，它通过读入 makefile 文件的内容来执行大量的编译工作，用户只需编写一次简单的编译语句就可以了。make 工程管理器大大提高了实际的工作效率。

5.3.1 编写 makefile 文件

在一个 makefile 文件中通常包含如下内容：

（1）需要由 make 工具创建的目标体（target），通常是目标文件或可执行文件。

（2）要创建的目标所依赖的文件。

（3）创建每个目标体时需要运行的命令。

例 5.5   设计一个程序，要求计算学生的总成绩和平均成绩，并用 make 工程管理器编译。

步骤 1：分析程序、分割文件。

此程序有主函数 main 和自定义函数 fun_sum 和 fun_avg，把函数声明都分割成独立的头文件，可将此程序分割成下面 4 个文件。

（1）chengji.h 为头文件，内含 fun_avg 和 fun_sum 函数的声明：

/*chengji.h 为头文件：fun_avg 和 fun_sum 函数的声明*/

  float fun_sum(int var[],int num);

  float fun_avg(int var[],int num);

（2）5-5-fun_sum.c 为 fun_sum 函数的定义：

/*5-5-fun_sum.c 程序：fun_sum 函数的定义*/

float fun_sum(int var[],int num) /*自定义函数，计算返回数组元素的和*/

{

  float avrg=0.0;

  int i;

  for(i=0;i<num;i++)

```
        avrg+=var[i];
        return(avrg);
}
```

（3）5-5-main.c 为主程序：

```
# include <stdio. h>    /*文件预处理，包含标准输入输出库*/
#include "chengji . h"    /*文件预处理，包含 fun_avg 和 fun_sum 函数声明*/
int main ( )        /*C 程序的主函数，开始入口*/
{
int n,i;
float average , sum;
printf ("请输入需要统计的学生数：") ;
scanf (" % d",&n ) ;
int array[n];
for ( i = 0; i < n ; i + + )
{
    printf ("该输入第% d 个学生的成绩：",i+1 ) ;
    scanf  ( "%d", &array[i] ) ;
}
sum=fun_sum (array , n );      /*调用 sum 函数，返回值传递给 sum*/
printf ("输入的%d 个学生的总成绩是:%6.2f\n",n,sum);
average=fun_avg(array,n);       /*调用 avg 函数，返回值传递给 average */
printf ("输入的%d 个学生的平均成绩是:%6.2f\n",n,average);
}
```

（4）5-5-fun_avg.c 为 fun_avg 函数的定义：

```
/*5-5-fun_avg.c 程序：fun_avg 函数的定义*/
float fun_avg(int var[],int num) /*自定义函数，计算返回值数组元素的平均值*/
{
    float avrg=0.0;
    int i;
    for(i=0;i<num;i++)
     avrg+=var[i];
         avrg+=var[i];
    return(avrg);
}
```

步骤 2：编辑 makefile 文件。

vim makefile5-5

makefile 内容：

5-5:5-5-main.o 5-5-fun_sum.o 5-5-fun_avg.o

```
    gcc 5-5-main.o 5-5-fun_sum.o 5-5-fun_avg.o -o 5-5
5-5-main.o:5-5-main.c chengji.h
    gcc 5-5-main.c -c
5-5-fun_sum.o:5-5-fun_sum.c
    gcc 5-5-fun_sum.c -c
5-5-fun_avg.o:5-5-fun_avg.c
    gcc 5-5-fun_avg.c -c
```

步骤 3：用 make 命令编译程序。

make –f makefile5-5

步骤 4：用 make 命令再次编译。

修改 4 个文件中的一个，重新用 make 编译，会发现只编译了 5-5-main.c 程序，另外的 2 个 c 源程序文件根本没有重新编译。

步骤 5：运行程序。

./5-5

从结果来看，在没有使用 GCC 编译器命令情况下，依然把设计的程序编译成了可执行文件，实现了设计的功能，可见 make 工程管理器调用了 GCC 编译器。makefile 文件的编写是本小节的重点。

5.3.2 makefile 变量的使用

例 5.6 设计一个程序，程序运行时从三道题目中随机抽取一道，题目存放在二维数组中。

步骤 1：分析程序、分割文件。

此程序有主函数 main 和自定义函数 fun_shuiji，可以分割成两个 ".c" 程序文件；再把函数声明和用到的库函数的头文件，分割到一个独立的自定义头文件 "shuiji.h"；因此，可将此程序分割成 3 个文件。

（1）5-6-main.c 为主程序：

```c
#include"shuiji.h"   /*文件预处理，包含自定义 fun_shuiji 函数的声明和一些库函数*/
int main()           /*C 程序的主函数，开始入口*/
{
    int n;
    static char str[3][80]={ "Linux C 的函数都可以分割为独立的文件吗？", "make 工程管理器的作用是？", "makefile 文件是否可以使用变量？"};
    n=fun_shuiji();     /*调用 fun_shuiji 函数，把随机数返回给变量 n*/
    printf("随机抽取的题号是:%d\n",n+1);
    printf("第%d 题：",n+1);
    puts(str[n]);
}
```

（2）shuiji.h 为头文件：

/*shuiji.h 头文件：自定义 fun_shuiji 函数的声明和一些库函数*/

#include<stdio.h>　　/*文件预处理，包含标准输入输出库*/

#include<stdlib.h>　/*文件预处理，包含随机库函数*/

#include<time.h>　　/*文件预处理，包含时间库函数*/

Int fun_shuiji();　　/*自定义函数声明，也可以把声明放在 main 中*/

（3）5-6-fun_shuiji.c 文件：

/*5-6-fun_shuiji.c 程序：fun_shuiji 函数的定义*/

#include"shuiji.h"　　　/*文件预处理，自定义 fun_shuiji 函数的声明和一些库函数*/

int fun_shuiji()　　　/*自定义函数，生成一个 0 ~ 2 的随机整数*/

```
{
    srand(time(NULL));
    int a;
    a=(rand ()%3);
    return a;
}
```

步骤 2：编辑 makefile 文件。

vim makefile5.6

一般的 makefile 写法：

```
5-6:5-6-main.o 5-6-fun_shuiji.o
    gcc 5-6-main.o 5-6-fun_shuiji.o -o 5-6
5-6-main.o:5-6-main.c shuiji.h
    gcc 5-6-main.c -c
5-6-fun_shuiji.o:5-6-fun_shuiji.c
    gcc 5-6-fun_shuiji.c -c
```

使用变量的 makefile 写法如下：

```
CC=gcc
objects=5-6:5-6-main.o 5-6-fun_shuiji.o
5-6:$(objects)
    $(CC) $(objects) -o 5-6
5-6-main.o:5-6-main.c shuiji.h
    gcc 5-6-main.c -c
5-6-fun_shuiji.o:5-6-fun_shuiji.c
    gcc 5-6-fun_shuiji.c -c
```

步骤 3：用 make 命令编译程序。

make –f makefile5-6

步骤 4：运行程序。

./5-6

makefile 中常见预定义变量如表 5.1 所示。

表 5.1　makefile 中常见预定义变量

命令格式	含义
AR	库文件维护程序的名称，默认值为 ar
AS	汇编程序的名称，默认值为 as
CC	C 编译器的名称，默认值为 cc
CPP	C 预编译器的名称，默认值为 $ (cc)-E
CXX	C++编译器的名称，默认值为 g++
FC	FORTRAN 编译器的名称，默认值为 f77
RM	文件删除程序的名称，默认值为 rm - f
ARFLAGS	库文件维护程序的选项，无默认值
ASFLAGS	汇编程序的选项，无默认值
CFLAGS	C 编译器的选项，无默认值
CPPFLAGS	C 预编译器的选项，无默认值
CXXFLAGS	C 编译器的选项，无默认值
FFLAGS	FORTRAN 编译器的选项，无默认值

makefile 中常见自动变量如表 5.2 所示。

表 5.2　makefile 中常见自动变量

命令格式	含义
$ *	不包含扩展名的目标文件名称
$ +	所有的依赖文件，以空格分开，并以出现的先后顺序,可能包含重复的依赖文件
$<	第一个依赖文件的名称
$?	所有时间戳比目标文件晚的依赖文件，并以空格分开
$ @	目标文件的完整名称
$ ^	所有不重复的依赖文件，以空格分开
$ %	如果目标是归档成员，则该变量表示目标的归档成员名称

5.3.3　make 和 makefile 说明

makefile 文件主要包含了 5 部分内容：

（1）显式规则。该规则说明了如何生成一个或多个目标文件，由 makefile 文件的创作者指出，包括要生成的文件、文件的依赖文件、生成的命令。

（2）隐式规则。由于 make 有自动推导的功能，所以隐式的规则可以实现比较粗糙地简略书写 makefile 文件，这是由 make 所支持的。

（3）变量定义。在 makefile 文件中要定义一系列的变量，变量一般都是字符串，这与 C 语言中的宏有些类似。当 makefile 文件执行时，其中的变量都会扩展到相应的引用位置上。

（4）文件指示。其包括 3 个部分：一个是在一个 makefile 文件中引用另一个 makefile 文件；另一个是指根据某些情况指定 makefile 文件中的有效部分；还有就是定义一个多行的命令。

（5）注释。makefile 文件中只有行注释，其注释用"#"字符。如果要在 makefile 文件中使用"#"字符，可以用反斜框进行转义，如"\#"。

GNU 的 make 工作时的执行步骤：

（1）读入所有的 makefile 文件。

（2）读入被 include 包括的其他 makefile 文件。

（3）初始化文件中的变量。

（4）推导隐式规则，并分析所有规则。

（5）为所有的目标文件创建依赖关系链。

（6）根据依赖关系，决定哪些目标要重新生成。

（7）执行生成命令。

5.4 autotools 的使用

autotools 工具只需用户输入简单的目标文件、依赖文件、文件目录等就可以轻松地生成 makefile 文件，其可以完成系统配置信息的收集，从而可以方便地处理各种移植性的问题。

autotools 是系列工具，包含有：

（1）aclocal；

（2）autoscan；

（3）autoconf；

（4）autoheader；

（5）automake。

用 autotools 产生 makefile 文件的总体流程如图 5.1 所示。

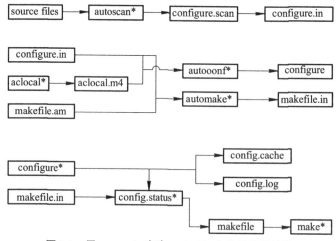

图 5.1 用 autotools 产生 makefile 文件的总体流程

利用 autotools 系列工具生成 makefile 文件的基本步骤如表 5.3 所示。

表 5.3 利用 autotools 系列工具生成 makefile 文件的基本步骤

步骤	功能
1. 创建源文件与库文件	可以把所有的源文件和库文件放在同一目录中
2. 执行命令 autoscan	在给定目录及其子目录树中检查源文件
3. 编辑 configure.scan	configure.scan 是 configure.in 的原型文件
4. 执行命令 aclocal	生成 aclocal.m4 文件
5. 执行命令 autoconf	利用 configure.in 和 aclocal.m4 文件，生成 configure 文件
6. 执行命令 autoheader	生成 config.h.in 文件
7. 编辑 makefile.am 文件	automake 的脚本配置文件
8. 执行命令 automake	生成 configure.in 文件
9. 执行命令 make dist	用 make 把程序和相关的文档打包，以压缩包形式提供发布
10. 执行命令 ./configure	生成 makefile 文件
11. 执行命令 make	编译源文件，生成可执行文件
12. 执行命令 make install	把程序安装到系统目录中

例 5.7　利用例 5.3 中的两个程序文件 5-3-main.c 和 5-3-avg.c，把它们的文件名分别改成 5.7.main.c 和 5.7.avg.c，用 autotools 工具生成 makefile 文件。

步骤 1：使用 autoscan。

[root@localhost root]#ls

5.7.avg.c 5.7.main.c

[root@localhost root]#autoscan

[root@localhost root]#ls

5.7.avg.c 5.7.main.c autoscan.log configure.scan

步骤 2：修改 configure.scan 文件，重命名成 configure.in 文件。

修改时需要增加一个宏 AM_INIT_AUTOMAKE(PACKAGE，VERSION)，还要把 AC_CONFIG_HEADER 更改为 AM_CONFIG_HEADER。

修改后，用 mv 命令重命名：

[root@localhost root]#mv configure.scan configure.in

步骤 3：使用 aclocal、autoconf 和 autoheader。

```
[root@localhost root]# aclocal
[root@localhost root]# ls
2.7.avg.c  2.7.main.c  aclocal.m4  autoscan.log  configure.in
[root@localhost root]# autoconf
[root@localhost root]# ls
2.7.main.c  autom4te.cache  configure
2.7.avg.c  aclocal.m4  autoscan.log  configure.in
[root@localhost root]# autoheader
[root@localhost root]# ls
2.7.main.c  autom4te.cache  config.h.in  configure.in
2.7.avg.c  aclocal.m4  autoscan.log  configure
```

[root@localhost root]# aclocal

[root@localhost root]# 1s

5.7.avg.c 5.7.main.c aclocal.m4 autoscan.log configure.in

[root@localhost root]# autoconf

[root@localhost root]# ls

5.7.main.c autom4te. cache configure

5.7.avg.c aclocal.m4 autoscan.Log configure.in

[root@localhost root]# autoheader

[root@localhost root]# 1s

5.7.main.c autom4te.cache config.h.in configure.in

5.7.avg.c aclocal.m4 autoscan.log configure

步骤 4：使用 automake。

automake 需要的脚本配置文件是 "Makefile.am"，这个文件需要自己建立。

vim Makefile.am

AUTOMAKE_OPTIONS=foreign

bin_PROGRAMS=test

test_SOURCES=5.7.main.c 5.7.avg.c

特别说明：

AUTOMAKE_OPTIONS 为设置 automake 的选项。automake 提供了 3 种软件等级 foreign、gnu、gnits 供用户选择使用，默认等级是 gnu。现在使用的 foreign 只是检测必要的文件。

bin_PROGRAMS 定义了要产生的执行文件名。如果产生多个可执行文件，每个文件名用空格隔开。

file_SOURCES 定义 file 这个执行程序的依赖文件。同样地，对于多个执行文件，那就要定义相应的 file_SOURCES。

步骤 5：运行 configure。

步骤 6：将程序打包发布。

[root@localhost automake]# make dist

[root@localhost automake]# ls

autotools 生成的 makefile 是最常见的开源软件提供的方式，安装此类开源软件的一般步骤：

（1）解压：tar test-1.0-tar.gz。

（2）输入"./configure"，执行 configure 程序，生成"Makefile"文件。

（3）输入"make"，用 make 工程管理器编译源程序。

（4）输入"make install"，把软件安装到系统目录中。

（5）输入"make clean"，清除编译时生成的可执行文件及目标文件。

5.5　思考与实验

1. 例 5.2 的函数定义是传统格式还是现代格式？如何改写为另一种定义格式？

2. 分割例 5.3 的程序，并进行编译。

3. 分割例 5.3 的程序，并为它编写 makefile 文件，用 make 编译后修改成返回最小值，再编译，观察有多少文件不需要重新编译。

4. 使用 autotools 为例[5.6]的程序生成 makefile 文件，并安装到系统目录中。

第6章 Linux 环境下系统函数的使用

6.1 数学函数的使用

例 6.1 有一分数序列：2/1，3/2，5/3，8/5，13/8，21/13……求出这个数列的前 m 项之和，m 由键盘输入。

编辑源程序代码：

```
#include"stdio.h"
int main()
{
    int n,t,m;
    float a=2,b=1,s=0;
    scanf("%d", &m);
    for(n=1;n<=m;n++)
    {
        s=s+a/b;
        t=a;
        a=a+b;
        b=t;
    }
    printf("和是:%9.6f\n",s);
}
```

例 6.2 用键盘输入一个整数 n，接着输入 n 个实型数，分别求取这 n 个实型数的平方根。

源程序代码：

```
#include"stdio.h"
#include"math.h"
int main()
{
    int n,i;
    float x,y;
    scanf("%d",&n);
    for(i=0;i<n;i++)
```

```
    {
        scanf("%f ",&x);
        y=sqrt(x);
        printf("%f*****%f\n",x,y);
    }
}
```

例 6.3 产生 10 个介于 1 到 10 的随机数值。

源程序代码:

```
#include<stdlib.h>
#include"stdio.h"
int main()
{
    int i,j;
    srand((int)time(0));
    for(i=0;i<10;i++)
    {
        j=1+(int)(10*rand()/(RAND_MAX+1.0));
        printf("%d",j);
    }
}
```

rand 函数说明如表 6.1 所示。

表 6.1　rand 函数

函数介绍	说明
所需头文件	#include<stdlib.h>
函数功能	产生随机数
函数原型	int　rand(void);
函数传入值	无
函数返回值	0～2 147 483 647（0 至 RAND_MAX 间）
相关函数	srand, random, srandom
备注	必须先利用 srand()设好随机数种子

srand 函数说明如表 6.2 所示。

表 6.2　srand 函数

函数介绍	说明
所需头文件	#include<stdlib.h>
函数功能	设置随机数种子
函数原型	void srand(unsigned int seed);

函数介绍	说明
函数传入值	通常利用 geypid()或 time()的返回值
函数返回值	无
相关函数	random, srandom
备注	必须先利用 srand()设好随机数种子

6.2 字符测试函数的使用

常用字符测试函数如表 6.3 所示。

表 6.3 字符测试函数

函数介绍	说明
函数名	函数功能
isalnum	测试字符是否为英文或数字
isalpha	测试字符是否为英文字母
isascii	测试字符是否为 ASCII 码字符
iscntrl	测试字符是否为 ASCII 码的控制字符
isdigit	测试字符是否为阿拉伯数字
islower	测试字符是否为小写字母
isprint	测试字符是否为可打印字符
isspace	测试字符是否为空格字符
ispunct	测试字符是否为标点符号或特殊符号
isupper	测试字符是否为大写英文字母
isxdigit	测试字符是否为十六进制数字

例 6.4 从键盘读入一行字符，测试读入字符是否为大写字符。
源程序代码：

```
#include"stdio.h"
#include<ctype.h>
int main()
{
    char c;
    while((c=getchar())!='\n')
    if(isupper(c))
        printf("%c 是大写字符\n",c);
}
```

104

例 6.5 从键盘读入一行字符，测试读入的是否为十六进制数字。

源程序代码：

```
#include"stdio.h"
#include<ctype.h>
int main()
{
    char c;
    int i;
    for( ;(c=getchar())!='\n';)
    if(isxdigit(c))
            printf("%c 是十六进制数字符\n",c);
    return 0;
}
```

isxdigit 函数说明如表 6.4 所示。

表 6.4　isxdigit 函数

函数介绍	说明
所需头文件	#include<ctype.h>
函数功能	测试字符是否为十六进制数字
函数原型	int isxdigit(int c);
函数传入值	字符
函数返回值	TRUE(c 为 16 进制数字：0123456789ABCDEF) NULL(c 为非 16 进制数字)
相关函数	isalnum, isdigit
备注	此为宏定义，非真正函数

6.3　系统时间与日期函数的使用

常用系统时间与日期函数如表 6.5 所示。

表 6.5　系统时间与日期函数

函数名	函数功能
Asctime	将时间和日期以字符串格式表示
Ctime	将时间和日期以字符串格式表示
Gettimeofday	取得目前的时间
Gmtime	取得目前的时间和日期
Localtime	取得当地目前的时间和日期
Mktime	将时间结构数据转换成经过的秒数
Settimeodday	设置目前时间
Time	取得目前的时间

例6.6 用程序的方法显示当前的系统时间，然后设置系统时间。

源程序代码：

```
#include <time.h>
int main()
{
    time_p timep;
    char *wday[]={"星期天", "星期一", "星期二", "星期三", "星期四", "星期五", "星期六"};
    struct tm *p;
    time(&timep);
    printf("%s", asctime(gmtime(&timep)));
    p=localtime(&timep);/*取得当地时间*/
    printf("%d : %d : %d : %d : ",(1900+p->tm_year),(1+p->tm_mon),p->tm_mday);
    printf("%s%d:%d:%d\n",wday[p->tm_wday], p->tm_hour, p->tm_min, p->tm_sec);
    return 0;
}
```

结构体 tm 的定义为：

```
struct tm
{
    int tm_sec ;   /*代表目前秒数，正常范围为 0～59，但允许至 61*/
    int tm_min ;   /* 代表目前分数，范围 0～59 */
    int tm_hour ;   /* 从午夜算起的时数，范围为 0～23 */
    int tm_mday ;   /* 目前月份的日数，范围 04～91 */
    int tm_mon ;   /* 代表目前月份，从 1 月算起，范围为 0～11 */
    int tm_year ;   /* 从 1900 年算起至今的年数*/
    int tm_wday ;   /* 一星期的天数，从星期一算起，范围为 0～6 */
    int tm_yday ;   /* 从今年 1 月 1 日算起至今的天数，范围为 0～365 */
    int tm_isdst ;   /* 日光节约时间的标志*/
};
```

time 函数说明如表 6.6 所示。

表 6.6 time 函数

函数介绍	说明
所需头文件	#include<time.h>
函数功能	取得目前的时间
函数原型	time_t time(time_t *t);
函数传入值	函数将返回值存到 t 指针所指的内存
函数返回值	成功则返回秒数； 失败则返回-1 值，错误原因存于 errno 中

函数介绍	说明
相关函数	ctime, ftime, gettimeofday
备注	此函数会返回从公元 1970 年 1 月 1 日的 UTC 时间 0 时 0 分 0 秒算起到现在所经过的秒数

gmtime 函数说明如表 6.7 所示。

表 6.7　gmtime 函数

函数介绍	说明
所需头文件	#include<time.h>
函数功能	取得目前时间和日期
函数原型	Struct tm*gmtime(const time_t*timep);
函数传入值	函数将返回值存到 timep 指针所指的内存
函数返回值	结果由结构 tm 返回
相关函数	time, asctime, ctime, loacltime
备注	gmtime()将参数 timep 所指的 time_t 结构中的信息转换成真实世界所使用的时间日期表示方法

asctime 函数说明如表 6.8 所示。

表 6.8　asctime 函数

函数介绍	说明
所需头文件	#include<time.h>
函数功能	将时间和日期以字符串格式表示
函数原型	char *asctime(const struct tm*timeptr);
函数传入值	结构体 tm 指针
函数返回值	返回一字符串表示目前当地的时间日期
相关函数	time, gmtime, ctime, loacltime
备注	将结构体 tm 的指针变量 timeptr 所指的信息转换成真实世界所使用的时间日期表示方法，其字符串格式为"Wed Jun 30 21:49:08 2006\n"

localtime 函数说明如表 6.9 所示。

表 6.9　localtime 函数

函数介绍	说明
所需头文件	#include<time.h>
函数功能	取得当地目前时间和日期
函数原型	struct tm*localtime(const time_t*timep);

函数介绍	说明
函数传入值	time_t 结构中的指针变量
函数返回值	返回结构 tm 代表目前的当地时间
相关函数	time, asctime, ctime, gmtime
备注	Localtime()将参数 timep 所指的 time_t 结构中的信息转换成真实世界所使用的时间日期表示方法，然后将结果由结构 tm 返回

例 6.7　应用结构体 struct timeval 的成员 tv_sec 与 tv_usec 显示系统时间的秒与微秒，并显示与 Greenwich 的时间差，然后测试运行这段程序所用时间。

源程序代码：

```
#include<sys/time.h>
#include<unistd.h>
int main()
{
    struct timeval tv1,tv2;
    struct timezone tz;
    gettimeofday(&tv1,&tz);
    printf("tv_sec:%d\n",tv1.tv_sec);
    printf("tv_usec:%d\n",tv1.tv_usec);
    printf("tz_minutewest:%d\n",tz. tz_minutewest);
    printf("tz_dsttime:%d\n",tz. tz_dsttime);
    gettimeofday(&tv2,&tz);
    printf("tv2_usec- tv1_usec:%d\n",tv2.tv_usec- tv1.tv_usec);
    return 0;
}
```

结构体 timeval 定义为：

```
struct timeval{
    long tv_sec; /*秒*/
    long tv_usec; /*微秒*/
};
```

结构体 timezone 定义为：

```
struct timezone{
    int tz_minuteswest; /*和 Greenwich 时间差了多少分钟*/
    int tz_dsttime; /*日光节约时间的状态*/
};
```

gettimeofday 函数说明如表 6.10 所示。

表 6.10　localtime 函数

函数介绍	说明
所需头文件	#include<unistd.h> #include<sys/time.h>
函数功能	取得目前的时间
函数原型	int gettimeofday(struct timeval*tv, struct timezone*tz);
函数传入值	time_t 结构中的指针变量
函数返回值	返回结构 tm 代表目前的当地时间
相关函数	time, ftime, ctime, settimeofday
备注	Gettimeofday()会把目前的时间有 tv 所指的结构返回，当地时区的信息则放到 tz 所指的结构中

6.4　环境控制函数

常用环境控制函数如表 6.11 所示。

表 6.11　环境控制函数

函数名	函数功能
getenv	取得环境变量内容
putenv/setenv	改变或增加环境变量
unsetenv	取消已改变的环境变量

例 6.8　显示当前所登录的用户。

源程序代码：

```
#include<stdlib.h>
int main()
{
    char *p;
    if((p=getenv("USER")))
    printf("USER=%s\n",p);
    return 0;
}
```

getenv 函数说明如表 6.12 所示。

表 6.12　getenv 函数

函数介绍	说明
所需头文件	#include<stdlib.h>
函数功能	取得环境变量内容

函数介绍	说明
函数原型	char *getenv(const char *name);
函数传入值	系统变量
函数返回值	执行成功则返回指向该内容的指针，找不到符合的环境变量名称则返回 NULL
相关函数	putenv, setenv, unsetenv
备注	getenv()用来取得参数 name 环境变量的内容； 参数 name 为环境变量的名称，如果该变量存在则会返回指向该内容的指针； 环境变量的格式为 name = value

例 6.9   显示当前所登录的用户。

源程序代码：

```c
#include<stdlib.h>
int main()
{
    char *p;
    if((p=getenv("USER")))
    printf("USER=%s\n",p);
    setenv("USER","test",1);
    printf("USER=%s\n",getenv("USER"));
    unsetenv("USER");
    printf("USER=%s\n",getenv("USER"));
    return 1;
}
```

setenv 函数说明如表 6.13 所示。

表 6.13   setenv 函数

函数介绍	说明
所需头文件	#include<stdlib.h>
函数功能	改变或增加环境变量
函数原型	int setenv(const char *name,const char *value,int overwrite);
函数传入值	name 为环境变量指针； value 为变量内容； overwrite: 0——参数 value 会被忽略； 　　　　　　1——改为参数 value 所指的变量内容
函数返回值	执行成功则返回 0，有错误发生则返回-1
相关函数	putenv, setenv, unsetenv
备注	无

6.5 内存分配函数

常用内存分配函数如表 6.14 所示。

表 6.14　内存分配函数

函数名	函数功能
calloc malloc	配置内存空间
getpagesize	取得内存分页大小
mmap	建立内存映射
munmap	解除内存映射
free	释放原先配置的内存

例 6.10　某手机用户要增加通信录，通信录的结构体定义为：

struct co

{

　　int index;

　　char name[8];

　　char htel[12];

　　char tel[12];

};

其中，index 为用户在通信录中的序号；name 存放用户名；htel 存放手机号；tel 存放电话号码。如果要增加一个用户，就分配一个存储空间，输入数据，请编写程序进行模拟，最后检测此内存的分页大小。

源程序代码：

```
#include"stdio.h"
#include"stdlib.h"
#include"ctype.h"
struct co
{
    int index;
    char name[8];
    char MTel[12];
    char Tel[12]
};
int x;
int main()
{
    struct co *p;
```

```
char ch;
printf("是否需要添加用户?Y/N\n");
ch=getchar();
if(ch=='y'||ch=='Y')
{
    p=(struct co*)malloc(sizeof(struct co));
    p->index=++x;
    printf("用户姓名：");
    scanf("%s",p->name);
    printf("手机号：");
    scanf("%s",p->MTel);
    printf("家庭电话：");
    scanf("%s",p->Tel);
    printf("序号:%d\n  姓名:%s\n  手机号:%s\n  家庭电话:%s\n",p->index,p->name,
p->MTel,p->Tel);
}
    printf("空间大小=%d\n", getpagesize());
}
```

从键盘输入用户名、手机号、电话号码，存放到文件上，并输出到屏幕上。

calloc 函数说明如表 6.15 所示。

表 6.15 calloc 函数

函数介绍	说明
所需头文件	#include<stdlib.h>
函数功能	用来配置 nmemb 个相邻的内存单位,每一单位的大小为 size,并返回指向第一个元素的指针
函数原型	void *calloc(size_t nmemb, size_t size);
函数传入值	nmemb: 内存块的大小; size: 内存块的数量
函数返回值	若配置成功则返回一指针，失败则返回 NULL
相关函数	malloc, free, realloc, brk
备注	calloco 配置内存时会将内存内容初始化为 0

getpagesize 函数说明如表 6.16 所示。

表 6.16 getpagesize 函数

函数介绍	说明
所需头文件	#include<unistd. h>
函数功能	取得内存分页大小
函数原型	size_t getpagesize(void);

函数介绍	说明
函数传入值	无
函数返回值	内存分页大小
相关函数	brk
备注	此为系统的分页大小，不一定会和硬件分页大小相同

malloc 函数说明如表 6.17 所示。

表 6.17　malloc 函数

函数介绍	说明
所需头文件	#include<stdlib.h>
函数功能	配置内存空间
函数原型	void *malloc(size_t size);
函数传入值	malloc()用来配置内存空间，其大小由指定的 size 决定
函数返回值	若配置成功则返回一指针，失败则返回 NULL
相关函数	calloc, free, realloc, brk
备注	此为系统的分页大小,不一定会和硬件分页大小相同

mmap 函数说明如表 6.18 所示。

表 6.18　mmap 函数

函数介绍	说明
所需头文件	#include<unistd.h> #include <sys/mman. h>
函数功能	mmap( )用来将某个文件内容映射到内存中，对该内存区域的存取即是直接对该文件内容的读写
函数原型	void*mmap(void*start, size_t length, int prot, int flags, int fd, off_t offsize);
函数传入值	参数 start: 指向欲对应的内存起始地址,通常设为 NULL; 参数 length: 代表将文件中多大的部分对应到内存; prot 映射域的保护方式: PROT_EXEC——映射区域可被执行; PROT_READ——映射区域可被读取; PROT_WRITE——映射区域可被写入; PROT_NONE——映射区域不能存取; MAP_FIXED——start 所指的地址无法成功建立映射时，则放弃映射，不对地址做修正;

函数介绍	说明
函数传入值	flags 映射区域的特性： MAP_SHARED——映射区域的写入数据复制回文件,且允许其他映射该文件的进程共享； MAP_PRIVATE——映射区域的写入操作会产生一个映射文件； MAP_ANONYMOUS——建立匿名映射时忽略参数 fd（不涉及文件）,映射区域无法和其他进程共享； MAP_DENYWRITE——只允许对映射区域的写入操作,其他对文件直接写入的操作将会被拒绝； MAP_LOCKED——将映射区域锁定住； fd: open()返回的文件描述词； offsize: 为文件映射的偏移量, 0 代表从文件头开始
函数返回值	映射成功返回映射区的内存起始地址,否则返回 MAPFAILED(-1)
相关函数	无
备注	在调用 mmap( )时必须要指定 MAP_SHARED 或 MAP_PRIVATE(-1)

例 6.11 利用 mmap()来读取/etc/passwd 文件内容,把文件中的内容映射到内存中的区域,可读取此区域中的内容,对映射区域的写入操作也会产生一个映射文件。

源程序代码：

```
#include<sys/types. h>
#include<sys/stat. h>
#include<fcnt1. h>
#include<unistd. h>
#include<sys/mman. h>
int main()
{
        int fd;
        void *start;
        struct stat sb;
        fd=open("/etc/passwd",O_ RDONLY);   /*打开/etc/ passwd*/
        fstat(fd,sb);   /*取得文件大小*/
        start=mmap(NULL, sb. st_size, PROT_READ, MAP_PRIVATE, fd,0);
        if( start==MAP_FAILED)   /*判断是否映射成功*/
        return 0;
        printf("%s ",start);
        munmap( start,sb. st_size);/*解除映射*/
```

```
    close(fd);
}
```

6.6 数据结构中常用函数

常用数据查找、排序函数如表 6.19 所示。

表 6.19 数据查找、排序函数

函数名	函数功能
bsearch	二分法搜索
lfind	线性搜索，如果 lsearch()找不到关键数据时会主动把该项数
lsearch	据加入数组里
gsort	利用快速排序法排列数组

例 6.12 从键盘读入不多于 50 个的 int 型数据，组成一个数组，应用 qsort 函数进行
排序。

源程序代码：

```
#define m 70
#include <stdlib. h>
int compar (const void *a, const void *b)
{
    int *aa=(int *)a,*bb=(int *)b;
    if(*aa>*bb)
      return 1;
    if(*aa==*bb)
      return 0;
    if(*aa<*bb)
      return -1;
}
main()
{
    int base[m],n;
    int i;
    printf("input n(n<50)\n");
    scanf("%d",&n);
    printf("\n");
    qsort(base, n, sizeof(int), compar);
    for(i=0;i<n;i++)
```

```
        printf ("%d", base [i]);
        printf("\n");
}
```

结果是从键盘上输入 50 个整型数，进行升序或降序排列。

qsort 函数说明如表 6.20 所示。

表 6.20   qsort 函数

所需头文件	#include<stdllib.h>
函数功能	利用快速排序法排列数组
函数原型	void qsort(void *base, size_t nmemb, size_t size,int (* compar) (const void *, const void*));
函数传入值	base：指向要搜索数组的起始地址； nmemb：代表数组中的元素数量； size：每一元素的大小； compare：为一函数指针，数据相同时则返回 0，不相同则返回非 0 值
函数返回值	无
相关函数	lsearch
备注	无

例 6.13　从键盘读入一字符串，在已有字符串数组中查找与该字符串相同的字符串。如找不到，把该项数据加入字符串数组里；如找到，显示该字符串。

源程序代码：

```
#include<stdio.h>
#include<stdlib.h>
#define    NMEMB    50
#define    SIZE    10
int compar(const    void *a,const void *b)
{
    return(strcmp((char*) a,(char*) b));
}
main(
{
    char data[NMEMB][SIZE]={"Linux","freebsd","solzris","sunos","windows"};
    char key[80],*base,*offset;
    int i,nmemb=NEMB,size=SIZE;
    for(i=1;i<5;i++){
    fgets(key,sizeof(key),stdin);
    key[strlen(key)-1]= '\0';
    base=date[0];
```

```
offset=(char *)lfind(key,base,&nmemb,size,compar);
if(offset==NULL)
{
    printf("%snotfound!\n",key);
    offset=(char *) lsearch(key,base,&nmemb,size,compar);
    printf("add%s to data array\n",offset);
}
else
{
    printf("found:%s\n",offset);
}
}
```

lfind、lsearch 函数说明如表 6.21 所示。

表 6.21　lfind、lsearch 函数

函数介绍	说明
所需头文件	#include<stdlib.h>
函数功能	线性搜索：在数组中从头至尾一项项查找数据
函数原型	void *lfind (const void *key, const void *base, size_t *nmemb, size_t size,int (*compar)(const void *,const void *));
函数传入值	key：指向欲查找的关键数据的指针； base：指向要搜索数组的起始地址； nmemb：代表数组中的元素数量； size：每一元素的大小； compar 为一函数指针：数据相同时则返回 0； 　　　　　　　　　　不相同则返回非 0 值
函数返回值	找到关键数据，则返回找到的该元素的地址；如果找不到关键数据，则返回空指针(NULL)
相关函数	lsearch()
备注	lfind()与 lsearch()不同点在于：当找不到关键数据时，lfind()仅会返回 NULL，而不会主动把该数据加入数组尾端；而 lsearch()找不到关键数据时，会主动把该项数据加入数组里

bsearch 函数说明如表 6.22 所示。

表 6.22　bsearch 函数

函数介绍	说明
所需头文件	#include<stdlib.h>
函数功能	利用二分搜索法从排序好的数组中查找数据
函数原型	void *bsearch(const void *key, const void *base, size_t nmemb, size_t size, int (*compar)(const void*, const void*));

函数介绍	说明
函数传入值	key：指向欲查找的关键数据的指针； base：指向要搜索数组的起始地址； nmemb：代表数组中的元素数量； size：每一元素的大小； compar 为一函数指针数据：相同时则返回 0； 不相同则返回非 0 值
函数返回值	无
相关函数	qsort, lsearch
备注	无

6.7 思考与实验

1. 编写一个简单的 C 语言程序：函数 int input(int a[ ],int n)用于输入一个有 n 个元素的整型数组；函数 void output(int b[ ], int n)用于输出一个有 n 个元素的整型数组；函数 int sum(int a[ ],int n)用于数组求和；main 函数依次调用函数 input、output、sum 实现完整功能。

2. 编写一个简单的 C 语言程序：用随机数函数产生两个整型数，根据输入的字符'+'、'-'、'*'、'/'作算术运算。

3. 编写一个程序，求 2～n 间的素数，n 由键盘输入，循环变量分别从 2 到 n、2 到 (int)sqrt(n)，分别测出两个循环的所用时间。

4. 输入一个整型数组，进行排序，然后从键盘输入一个整数，用二分法进行查找。

第 7 章　文件的操作

7.1　Linux 系统文件的属性

Linux 系统中的文件系统特点如下：

（1）Linux 系统中，文件的准确定义是不包含有任何其他结构的字符流。

（2）Linux 系统提供的文件系统是树形层次结构系统。

（3）Linux 支持多种文件系统，最常用的文件系统是 ext2 系统。

（4）Linux 系统的文件属性主要包括文件类型和文件权限两个方面。

注意：FHS 标准定义了文件系统中每个区域的用途和所需要的最小构成的文件和目录。

7.1.1　Linux 文件类型

Linux 下最常见的文件类型主要有 5 种：普通文件、目录文件、链接文件、管道文件和设备文件。

例 7.1　设计一个程序，要求列出当前目录下的文件信息，以及系统目录"/dev/sda1"和"/dev/lp0"的文件信息。

编辑源程序代码：

```
#include<stdio. h>    /*文件预处理, 包含标准输入输出库*/
#include<stdlib. h>   /*文件预处理, 包含 system 函数库*/
 int main()    /*程序的主函数, 开始入口*/
 {
    int newret;
    printf("列出当前目录下的文件信息:\n");
    newret=system("1s-1");    /*调用 1s 程序, 列出当前目录下的文件信息*/
    printf("列出"/dev/sda1"的文件信息:\n");
    newret=system("1s/dev/sda1-1");    /*列出"/dev/sda1"的文件信息*/
    printf("列出"/dev/lp0"的文件信息:\n");
    newret=system("1s/dev/lpo -1");    /*列出"/dev/1p0"的文件信息*/
    return 0;
 }
```

Linux 系统的主要文件类型如表 7.1 所示。

表 7.1　Linux 系统的主要文件类型

命令	作用
普通文件	权限 10 个字符中的第 1 位是 "-" 的文件
目录文件	权限 10 个字符中的第 1 位是 "d" 的文件
硬链接文件	除了文件名，其他都和某个普通文件一模一样的文件
软件链接文件	权限 10 个字符中的第 1 位是 "1" 的文件
块设备文件	权限 10 个字符中的第 1 位是 "b" 的文件
字符设备文件	权限 10 个字符中的第 1 位是 "c" 的文件
管道文件	权限 10 个字符中的第 1 位是 "p" 的文件
setUid 可执行文件	权限 10 个字符中的第 4 位是 "s" 的文件
setGid 可执行文件	权限 10 个字符中的第 7 位是 "s" 的文件
setUidsetGid 加文件	权限 10 个字符中的第 4 位和第 7 位都是 "1" 的文件
socket 文件	权限 10 个字符中的第 1 位是 "s" 的文件

7.1.2　Linux 文件权限

对于 Linux 系统中的文件来说，它的权限可以分为 4 种：可读取（readable）、可写入（writable）、可执行（execute）和无权限，分别用 r、w、x 和-表示。

Linux 系统按文件所有者、文件所有者同组用户和其他用户三类划分不同的文件访问权限。

显示权限的 10 个字符，可分为 4 部分：

第 1 位：一般表示文件类型；

第 2 位到第 4 位(第 1 组 rwx)：表示文件所有者的访问权限；

第 5 位到第 7 位(第 2 组 rwx)：表示文件所有者同组用户的访问权限；

第 8 位到第 10 位(第 3 组 rwx)：表示其他用户的访问权限。

例 7.2　设计一个程序，要求把系统中 "/etc" 目录下的 passwd 文件权限，设置成文件所有者可读、可写，所有其他用户为只读权限。

源程序代码：

```
/*7-2.c 设置"/etc/passwd"文件权限*/
#include<sys/types.h>    /*文件预处理,包含  chmod 函数库*/
#include<sys/stat. h>    /*文件预处理,包含  chmod 函数库*/
int main()              /*程序的主函数,开始入口*/
{
    chmod("/etc/passwd", S_IRUSR|S_IWUSR|S_IRGRP |S_IROTH);
    return 0;
}
```

编译、运行后，使用 ls –l 命令查看"/etc/passwd"文件的权限：

[root@localhost root]#ls -l /etc/passwd

例 7.3 设计一个程序，要求设置系统文件与目录的权限掩码。

源程序代码：

```
/*7-3.c 设置"/etc/passwd"文件权限*/
#include<stdio. h>
#include<stdlib. h>
#include<sys/stat. h>
#include<sys/types. h>
int main()
{
    mode_t new_umask, old_umask;
      new_umask=0666;
      old_umask=umask (new_umask);
      printf("系统原来的权限掩码是:%o\n",old_umask);
      printf("系统新的权限掩码是:%o\n",new_umask);
      system("touch liu1");
      printf("创建了文件 liu1\n");
      new_umask=0444;
    old_ umask=umask(new_umask);
      printf("系统原来的权限掩码是:%o\n",old_umask);
      printf("系统新的权限掩码是:%o\n",new_umask);
      system("touch liu2");
      printf("创建了文件 liu2\n");
      system("1s liu1 liu2 -1");
      return 0;
}
```

注意：运行一次此例的程序后，修改源程序中的掩码后，再次编译运行，文件"liu1"和"liu2"的权限并不改变。因为如果文件已经存在，touch 只修改时间标记；如果要再次验证新的掩码，需要在再次运行程序前删除原来的文件。

chmod 函数说明如表 7.2 所示。

表 7.2　chmod 函数

函数示例	说明
所需头文件	#include<sys/types.> #include<sys/stath>
函数功能	改变文件的权限
函数原型	int chmod const char *path, mode_t mode);
函数传入值	根据参数 mode 权限来更改参数 path 指定文件的权限。mode 参数见下表

函数示例	说明
函数返回值	权限改变成功返回 0，失败返回-1，错误原因存于 errno
备注	只有该文件的所有者或有效用户识别码为 0，才可以修改该文件权限。基于系统安全，如果欲将数据写入一执行文件，而该执行文件具有 S_ISUID 或 S_ISGID 权限，则这两个位会被清除。如果一目录具有 S_ISUID 位权限，表示在此目录下只有该文件的所有者或 root 可以删除该文件

mode 参数说明如表 7.3 所示。

表 7.3 mode 参数

参数值	说明
S_IRUSR	拥有者具有读取权限
S_IWUSR	拥有者具有写入权限
S_IXUSR	拥有者具有执行权限
S_IRGRP	组具有读取权限
S_IWGRP	组具有写入权限
S_IXGRP	组具有执行权限
S_IROTH	其他用户具有读取权限
S_IWOTH	其他用户具有写入权限
S_IXOTH	其他用户具有执行权限

umask 函数说明如表 7.4 所示。

表 7.4 umask 函数

函数介绍	说明
所需头文件	#include< sys/type.h> #include<sys/stat.h>
函数功能	设置建立新文件时的权限掩码
函数原型	mode_t umask (mode_t mask);
函数传入值	4 位八进制数
函数返回值	返回值为原先系统的 umask 值
相关函数	无
备注	建立文件时，该文件的真正权限则为 0666-mask 值；建立文件夹时，该文件夹的真正权限则为 0777-mask

umask 值与权限如表 7.5 所示。

表 7.5　umask 值与权限表

umask 中的某位	文件	目录
0	6	7
1	6	6
2	4	5
3	4	4
4	2	3
5	2	2
6	0	1
7	0	0

7.1.3　Linux 文件的其他属性

在 Linux 系统中，定义了 stat 结构体来存放文件属性信息。

```
struct stat
{
    dev_t st_dev;        /*设备*/
    ino_t st_ino;        /*节点*/
    mode_t st_mode;      /*模式*/
    nlink_t st_nlink;        /硬连接*/
    uid_t st_uid;        /用户 ID*/
    gid_t st_gid;        /*组 ID*/
    dev_t st_rdev;       /*设备类型*/
    off_t st_off;        /*文件字节数*/
    unsigned long st_blksize;    /*块大小*/
    unsigned long st_ blocks;    /*块数*/
    time_t st_atime;       /*最后一次访问时间*/
    time_t st_mtime;       /*最后一次修改时间*/
    time_t st_ctime;       /*最后一次改变时间(指属性)*/
}
```

　　如果要获得文件的其他属性，可以使用 stat 函数或者 fstat 函数。stat 函数用来判断没有打开的文件，而 fstat 函数用来判断打开的文件。使用较多的属性是 st_mode，通过此属性可以判断给定的文件是一个普通文件还是其他文件类型。

　　例 7.4　设计一个程序，应用系统函数 stat 获取系统中"/etc"目录下的 passwd 文件的大小。

　　源程序代码：

```
#include<unistd.h>    /*文件预处理，包含 chmod 函数库*/
```

```
#include<sys/stat. h>    /*文件预处理,包含 chmod 函数库*/
int main()      /*C 程序的主函数, 开始入口*/
{
        struct stat buf;
        stat("/etc/passwd", &buf);
        printf(""/etcc/passwd"文件的大小是:%d\n",buf.st_size);
        return 0;
}
```
stat 函数说明如表 7.6 所示。

表 7.6   stat 函数

函数介绍	说明
所需头文件	#include<sys/stat.h> #include<unistd.h>
函数功能	取得文件属性
函数原型	int stat(const char *file_name, struct stat *buf);
函数传入值	将参数 file_name 所指的文件状态, 复制到参数 buf 所指的结构中
函数返回值	执行成功则返回 0, 失败返回-1, 错误代码存于 errno
备注	无

7.2   不带缓存的文件 I/O 操作

Linux 系统中，基于文件描述符的文件操作主要有：不带缓存的文件 I/O 操作和带缓存的文件流 I/O 操作。

不带缓存的文件 I/O 操作，又称系统调用 I/O 操作，符合 POSIX 标准，设计的程序能在兼容 POSIX 标准的系统间方便地进行移植。

不带缓存的文件 I/O 操作用到的主要函数如表 7.7 所示。

表 7.7   不带缓存的文件 I/O 操作用到的主要函数

函数名	作用
creat	创建文件
open	打开或创建文件
close	关闭文件
read	读文件
write	写文件
lseek	移动文件的读写位置
flock	锁定文件或解除锁定（用于文件加建议性锁）
fcntl	文件描述符操作（用于文件加强制性锁）

7.2.1 文件的创建

例 7.5 设计一个程序，要求在"/home"目录下创建一个名称为"7-5file"的文件，并且把此文件的权限设置为所有者具有只读权限，最后显示此文件的信息。

源程序代码：

```
#include<sys/types. h>
#include<sys/stat. h>
#include<fcntl. h>
int main()
{
    int fd;
    fd=creat("/home/7-5file",S_IRUSR);    /*所有者具有只读权限*/
    system("1s   /home/7-5file -l"); /*调用 system 函数执行命令 1s 显示此文件的信息*/
    return 0;
}
```

creat 函数说明如表 7.8 所示。

表 7.8 creat 函数

所需头文件	#include<sys/types. h>
	#include<sys/stat.h>
	#include<fcntl.h>
函数功能	创建文件
函数原型	int creat(const char *pathname, mode_t mode);
函数传入值	*pathname 建立文件的访问路径，用来设置新增文件的权限；参数 mode 的取值和说明请参考文件权限部分
函数返回值	正确返回 0，若有错误发生则会返回-1

7.2.2 文件的打开和关闭

例 7.6 设计一个程序，要求在"/home"下以可读写方式打开一个名为"7-6file"的文件，如果该文件不存在，则创建此文件，如果存在，将文件清空后关闭。

源程序代码：

```
#include<stdio. h>   /*文件预处理,包含标准输入输出库*/
#include<stdlib. h>   /*文件预处理,包含 system 函数库*/
 #include<fcnt1. h>   /*文件预处理,包含 open 函数库*/
int main()    /*C 程序的主函数,开始入口*/
{
    int fd;
    if((fd=open( "/home/7-6file",O_CREAT|O_TRUNC |O_WRONLY, 0600))<0)
```

```
                {
                        perror("打开文件出错");
                        exit(1);
                }
                        else
                {
                        printf("打开(创建)文件"7-6file",文件描述符为:%d\n",fd);
                }
                        if (close(fd)<0)
                {
                        perror("关闭文件出错");
                        exit(1);
                }
                system("ls    /home/7-6file    -l");
                return 0;
        }
```

open 函数说明如表 7.9 所示。

表 7.9　open 函数

函数介绍	说 明
所需头文件	#include<sys/types. h> #include<sys/stat.h> #include<fcntl.h>
函数功能	打开或创建文件
函数原型	int open(const char *pathname, int flags); int open(const char *pathname, int flags, mode t mode);
函数传入值	建立文件的访问路径，用来设置新增文件的权限； 建立文件的访问路径，指定访问文件的命令模式，用来设置新增文件的权限
函数返回值	正确返回 0，发生错误返回-1

参数 flag 说明如表 7.10 所示。

表 7.10　参数 flag

参数值	说 明
O_RDONLY	以只读模式打开
O_WRONLY	以写入模式打开
O_RDWR	以读写模式打开
O_APPEND	在文件尾写入数据

参数值	说明
O_TRUNG	设置文件的长度 0，并舍弃现存的数据
O_CREAT	建立文件，可使用 mode 参数设置访问权限
O_EXCL	与 O_CREAT 一起使用，若所建立的文件已存在，则打开失败

close 函数说明如表 7.11 所示。

表 7.11　close 函数

函数介绍	说明
所需头文件	#include<unistd. h>
函数功能	关闭文件
函数原型	int close (int fd);
函数传入值	需要关闭的文件描述符，整型
函数返回值	若文件顺利关闭则返回 0，发生错误时返回-1
备注	虽然在进程结束时，系统会自动关闭已打开的文件，但仍建议自行关闭文件，并确实检查返回值

7.2.3　文件的读写操作

文件读写操作中，经常用到的函数是 read、write 和 lseek。

例 7.7　设计一个 C 程序，完成文件的复制工作。要求通过使用 read 函数和 write 函数复制 "/etc/passwd" 文件到 "7-7test" 文件中，文件名在程序运行时从键盘键入。

源程序代码 ：

```
#include <unistd. h>
 #include<sys/types. h>
 #include<sys/stat. h>
 #include<fcntl. h>
 #include<stdio. h>
 int main()
{
    int fdsrc, fddes, nbytes;
    int flags=O_CREAT|O_TRUNC|O_WRONLY;
    int z;
    char buf [20], src [20], des [20];
    printf("请输入目标文件名:");      /*提示输入目标文件名*/
    scanf("%s",des);      /*读入目标文件名*/
    fdsrc=open("/etc/passwd", O_RDONLY);   /*只读方式打开源文件*/
    if(fdsrc<0)
```

```
    {
        exit(1);
    }
    fddes=open(des, flags,0644);    /*打开目标文件的权限为:644*/
     if(fddes<0)
    {
        exit(1);
    }
        while((nbytes=read(fdsrc, buf, 20))>0)
    {
        z=write(fddes, buf, nbytes);
         if(z<0)
    {
        perror("写目标文件出错");/*此函数可以用来输出"错误原因信息"字符串*/
    }
     close(fdsrc);
     close(fdsrc);
     printf("复制"/etc/passwd"文件为"%s"文件成功!\n",des);
     exit(0);
}
```

read、write 函数说明如表 7.12 所示。

表 7.12   read、write 函数

函数介绍	说明
所需头文件	#include <unistd.h>
函数功能	读取文件
函数原型	read(int fd,void*buf,size_t count);
函数传入值	fd: 地址; buf: 文件内容读到内存; count: 字节数
函数返回值	有错误发生则会返回-1
备注	若返回的字节数比要求读取的字节数少,则有可能读到了文件尾, 从管道 (pipe) 或终端机读取

7.3   带缓存的流文件 I/O 操作

在 C 语言中对文件的记录是以字符（字节）为单位的。输入输出的数据流的开始和结束仅受程序控制而不受物理符号（如回车换行符）控制。也就是说，在输出时不以回车换行符作为记录的间隔（事实上 C 文件并不由记录构成）。我们把这种文件称为流式文件。

带缓存的流文件 I/O 操作，是在内存开辟一个"缓存区"，为程序中的每一个文件来使用。

内存"缓存区"的大小，影响着实际操作外存的次数，内存"缓存区"越大，则操作外存的次数就越少，执行速度就快、效率高。

带缓存的文件 I/O 操作用到的主要函数如表 7.13 所示。

表 7.13　带缓存的文件 I/O 操作用到的主要函数

函数	作用
fopen	打开或创建文件
fclose	关闭文件
fgetc	由文件中读取一个字符
fputc	将一指定字符写入文件流中
fgets	由文件中读取一字符串
fputs	将一指定的字符串写入文件内
fread	从文件流成块读取数据
fwrite	将数据成块写入文件流
fseek	移动文件流的读写位置
rewind	重设文件流的读写位置为文件开头
ftell	取得文件流的读取位置

7.3.1　流文件的打开和关闭

1. fopen()

功能：打开一个特定的文件，并把一个流和这个文件相关联。

头文件：#include<stdio.h>

原型：

FILE*fopen(const char *path,const char*mode);

参数说明：

path：是一个字符串，包含欲打开的文件路径及文件名。

mode：mode 字符串则代表着流形态。

r：读，该文件必须存在。

w：打开只写文件，若文件存在则长度清为 0，即该文件内容消失，若不存在则创建该文件。

r+：以读/写方式打开文件，该文件必须存在。

w+：打开可读/写文件。

返回值：

成功：它返回一个指向 FILE 结构的指针，该结构代表这个新创建的流（文件顺利打开后，指向该流的文件指针就会被返回）。

失败：就会返回一个空指针，errno 会提示问题的性质（如果文件打开失败，则返回 NULL，并把错误代码存在 errno 中）。

2. fclose()

功能：关闭一个流。

头文件：#include<stdio.h>

原型：int fclose(FILE*f);

返回值：对于输出流，fclose 函数会在文件关闭前刷新缓冲区，如果它执行成功，fclose 返回零值。

注意：使用 fclose 函数就可以把缓冲区内最后剩余的数据输出到内核缓冲区，并释放文件指针和有关的缓冲区。

例 7.8　设计一个程序，要求用流文件 I/O 操作打开文件 "7-8file"，如果该文件不存在，则创建此文件。

源程序代码：

```
#include<stdio. h>
 int main()
{
    FILE *fp;                          /*定义文件变量指针*/
    if((fp=fopen("7-8file", "a+")) ==NULL)    /*打开(创建)文件*/
    {
        printf("打开(创建)文件出错");    /*出错处理*/
         exit(0);
    }
    fclose(fp);                        /*关闭文件流*/
}
```

7.3.2　流文件的读写操作

1. fgetc()

功能：从指定的流 stream 获取下一个字符（一个无符号字符），并把位置标识符往前移动。

原型：int fgetc(FILE *stream);

参数说明：

Stream：这是指向 FILE 对象的指针，该 FILE 对象标识了要在上面执行操作的流。

返回值：该函数以无符号 char 强制转换为 int 的形式返回读取的字符，如果到达文件末尾或发生读错误，则返回 EOF。

2. fgets()

功能：从指定的流 stream 读取一行，并把它存储在 str 所指向的字符串内。当读取

n-1 个字符时，或者读取到换行符时，或者到达文件末尾时，它会停止，具体视情况而定。

原型：char *fgets(char *str, int n, FILE *stream);

参数说明：

str：这是指向一个字符数组的指针，该数组存储了要读取的字符串。

n：这是要读取的最大字符数（包括最后的空字符）。通常使用 str 传递的数组长度。

stream：这是指向 FILE 对象的指针，该 FILE 对象标识了要从中读取字符的流。

返回值：如果成功，该函数返回相同的 str 参数；如果到达文件末尾或者没有读取到任何字符，str 的内容保持不变，并返回一个空指针；如果发生错误，返回一个空指针。

例 7.9　设计一个程序，要求把键盘上输入的字符写入文件 7-9file，如果该文件不存在，则创建此文件。

源程序代码：

```
//stdin 是标准输入,std 即  standard(标准),in 即  input(输入)。
#include<stdio. h>
 int main()
 {
     FILE *fp;                    /*定义文件变量指针*/
     char ch;
     if((fp=fopen("7-9file","a+"))=NULL)              /*打开(创建)文件*/
      {
        printf("打开(创建)文件出错");                  /*出错处理*/
        exit(0);
      }
        printf("请输入要写入文件的一个字符: ");        /*提示输入一个字符*/
        fputc((ch=fgetc(stdin)), fp);     /*把键盘输入的一个字符写入文件*/
        fclose(fp);                /*闭文件流*/
 }
```

运行结果：从键盘上输入字母 M，则 7-9file 存入字母 M。

例 7.10　设计一个程序，要求把键盘上输入的字符串写入文件 7-10file，如果该文件不存在，则创建此文件。

源程序代码：

```
#include<stdio. h>
 int main()
 {
     FILE fp;/*定义文件变量指针*/
     char   s[80];
     if ((fp=fopen("7-10file", "a+" ))==NULL)   /*打开(创建)文件*/
      {
        printf("打开(创建)文件出错");     /*出错处理*/
```

```
            exit(0);
        }
        printf("请输入要写入文件的字符串: ");        /*提示输入一个字符*/
        fputs(fgets(s, 80, stdin), fp);          /*把键盘输入的字符串写入文件*/
        fclose(fp);         /*关闭文件流*/
    }
```

运行结果: 从键盘上输入字符串 "ABCEF", 则 7-10file 文件中存入字符串 "ABCEF"。

7.3.3 流文件的打开和关闭

1. fwrite()

功能: 把 ptr 所指向的数组中的数据写入到给定流 stream 中。

原型: size_t fwrite(const void *ptr, size_t size, size_t nmemb, FILE *stream)

参数说明:

ptr: 这是指向要被写入元素的数组的指针。

size: 这是要被写入的每个元素的大小, 以字节为单位。

nmemb: 这是元素的个数, 每个元素的大小为 size 字节。

stream: 这是指向 FILE 对象的指针, 该 FILE 对象指定了一个输出流。

返回值: 如果成功, 该函数返回一个 size_t 对象, 表示元素的总数, 该对象是一个整型数据类型。如果该数字与 nmemb 参数不同, 则会显示一个错误。

2. fread()

功能: 从给定流 stream 读取数据到 ptr 所指向的数组中。

原型: size_t fread(void *ptr, size_t size, size_t nmemb, FILE *stream)

参数说明:

ptr: 这是指向带有最小尺寸 size*nmemb 字节的内存块的指针。

size: 这是要读取的每个元素的大小, 以字节为单位。

nmemb: 这是元素的个数, 每个元素的大小为 size 字节。

stream: 这是指向 FILE 对象的指针, 该 FILE 对象指定了一个输入流。

返回值: 成功读取的元素总数会以 size_t 对象返回, size_t 对象是一个整型数据类型。如果总数与 nmemb 参数不同, 则可能发生了一个错误或者到达了文件末尾。

例 7.11 设计两个程序, 要求一个程序把三个人的姓名和账号余额信息, 通过一次流文件 I/O 操作写入文件 7-11file, 另一个程序格式化输出账号信息, 把每个人的账号和余额一一对应显示输出。

7-11fwrite.c, 7-11fread.c 程序代码:

```
/*7-11fwrite.c 程序: 把账号信息写入文件*/
 #include<stdio. h>
#define set_s(x,y,z){strcpy(s[x].name,y);s[x].pay=z;}        /*自定义宏, 用于赋值*/
```

```c
#define nmemb 3
struct test                                    /*定义结构体*/
{
    char name [20];
    int pay;
}s[nmemb];
int main()
{
    FILE *fp;                    /*定义文件变量指针*/
    set_s(0, "张三",12345);
    set_s(1,"李四",200);
    set_s(2,"王五",50000);
    fp =fopen("7-11file","a+");                        /*打开(创建)文件*/
    fwrite(s, sizeof(struct test), nmemb,fp);     /*调用 fwrite 函数把块信息写入文件*/
    fclose(fp);
    return 0;                /*关闭文件流*/
}
/*7-11fread.c 程序：把账号信息写入文件*/
#include<stdio. h>
#define nmemb 3
struct test                              *定义结构体*
{
    char name [20];
    int pay;
}s [nmemb];
int main()
{
    FILE *fp;    /*定义文件变量指针*/
    int i;
    fp= fopen("7-11file","r");            /*打开文件*/
    fread(s, sizeof(struct test), nmemb,fp);     /*调用 fread 函数从文件读取块信息*/
    fclose(fp);                /*关闭文件流*/
    for(i=:i<nmemb:i++)
    printf("账号[%d]:%-20s 余额[%d]:%d\n",i,s[i].name,i,s[i].pay);
    return 0;
}
```

7.3.4 文件的定位

实现随机读写的关键是要按要求移动位置指针，这被称为文件的定位。移动文件内部位置指针的函数主要有 3 个，即 rewind 函数、fseek 函数和 ftell 函数。

例 7.12 设计一个程序，要求用 fopen 函数打开系统文件 "/etc/passwd"，先把位置指针移动到第 10 个字符前，再把位置指针移动到文件尾，最后把位置指针移动到文件头，输出 3 次定位的文件偏移量的值。

```
#include<stdio. h>
 int main()
{
    FILE *stream;
    long offset;
    fpos_t pos;
    stream=fopen("/etcpasswd","r");
    fseek(stream, 10, SEEK_SET);
    printf("文件流的偏移量:%d\n", ftell(stream);
    fseek(stream, 0, SEEK_END);
    printf("文件流的偏移量:%d\n", ftell(stream));
    rewind(stream);
    printf("文件流的偏移量:%d\n", ftell(stream));
    fclose(stream);
    return 0;
}
```
运行结果：
文件流的偏移量：10
文件流的偏移量：2258
文件流的偏移量：0

7.4 其他文件的操作

7.4.1 目录文件的操作

目录文件是 Linux 中一种比较特殊的文件，它是 Linux 文件系统结构中的骨架，对构成整个树型层次结构的 Linux 文件系统非常重要。

可以使用 mkdir 函数、opendir 函数、closedir 函数、readdir 函数和 scandir 函数等对目录文件的进行操作。

例 7.13 设计一个程序，要求读取系统目录文件/etc/rc.d 中所有的目录结构。

源程序代码：

```
#include<sys/types. h>
 #include<dirent. h>
 #include<unistd. h>
 int main()
{
    DIR *dir;
    struct dirent*ptr;
    int i;
  dir=opendir("/etc/rc.d");
    while((ptr= readdir(dir))!=nl)
{
    printf("目录:%s\n",ptr->d_name);
}
    closedir(dir);
}
```

7.4.2　链接文件的操作

Linux 系统中的链接文件有点类似于 Windows 系统中的快捷方式，但并不完全一样。

1. 软链接文件

软链接文件又叫作符号链接文件，该文件包含了另一个文件的路径名。链接文件可以是任意文件或目录，可以链接不同文件系统的文件。链接文件甚至可以链接不存在的文件，这就产生了"断链"的问题，还可以循环链接自己，这类似于编程语言中的递归调用。

例 7.14　设计一个程序，要求为/etc/passwd 文件建立软链接 7-14link，并查看此链接文件和/etc/passwd 文件。

源程序代码：

```
#include<unistd. h>
 int main()
{
    symlink("/etc/passwd","7-14link" );
    system("7-14link -1");
    system("1s /etc/passwd -1");
}
```

2. 硬链接文件

硬链接（hard link）也称链接，就是一个文件的一个或多个文件名。所谓链接无非是把文件名和计算机文件系统使用的节点号链接起来。因此可以用多个文件名与同一个文件进行链接，这些文件名可以在同一目录或不同目录。

对硬链接文件进行读写和删除操作的时候，结果和软链接相同。但如果删除硬链接文件的源文件，硬链接文件仍然存在，而且保留了原有的内容，这时，系统就"忘记"了它曾经是硬链接文件，而把它当成一个普通文件。

硬链接文件有两个限制：

（1）不允许给目录创建硬链接。

（2）只有在同一文件系统中的文件之间才能创建链接。

例7.15　设计一个程序，要求为/etc/passwd文件建立硬链接7-15link，并查看此链接文件和/etc/passwd文件。

源程序代码：

```
#include<unistd. h>
 int main()
{
    link("/etc/passwd", "7-15link");
    system("ls 7-15link -1");
    system(" ls /etc/passwd -1");
}
```

7.5　思考与实验

1. 设计一个程序，要求打开文件"pass"，如果没有这个文件，新建此文件，权限设置为只有所有者有只读权限。

2. 设计一个程序，要求新建一个文件"hello"，利用write函数将"Linux下C软件设计"字符串写入该文件。

3. 设计一个程序，要求利用read函数读取系统文件"/etc/passwd"，并在终端中显示输出。

4. 设计一个程序，要求打开文件"pass"，如果没有这个文件，新建此文件；读取系统文件"/etc/passwd"，把文件中的内容都写入"pass"文件。

5. 设计一个程序，要求将10分别以十进制、八进制和十六进制输出。

6. 设计一个程序，要求新建一个目录，预设权限为-x--x--x--。

7. 设计一个程序，要求为"/bin/ls"文件建立一个软链接"ls1"和一个硬链接"ls2"，并查看两个链接文件和"/bin/ls"文件。

第8章　进程控制

8.1　进程简介

进程是一个程序的一次执行的过程。在 Linux 环境下，每个正在运行的程序都称为进程。每个进程包含进程标识符及数据，这些数据又包含进程变量、外部变量及进程堆栈等。

1. 进程与程序

虽然一个进程对应一个程序的执行，但进程不等同于程序。程序是静态的概念，而进程是动态的概念。

进程是程序执行的过程，包括了动态创建、调度和消亡的整个过程，进程是程序执行和资源管理的最小单位。

对系统而言，当用户在各级系统中键入命令并执行一个程序的时候，系统将启动一个进程，因此，一个程序可以对应多个进程。

2. Linux 环境下的进程管理

Linux 环境下的进程管理包括启动进程和调度进程。

启动进程有两种主要途径：手工启动和调度启动。

1）手工启动

手工启动又可分为前台启动和后台启动。

前台启动：是手工启动一个进程的最常用方式。一般地，当用户输入一个命令时，就已经启动了一个进程，并且是一个前台的进程。

后台启动：往往用来在该进程非常耗时且用户也不急着需要结果的时候启动。一般地，当用户输入一个命令（结尾加上一个"&"号），就是在后台启动一个进程。

2）调度启动

有时系统需要进行一些比较费时而且占用资源的维护工作，并且这些工作适合在深夜无人值守的时候进行，这时用户就可以事先进行调度安排，指定任务运行的时间或者场合，到时候系统就会自动完成这一系列工作。

调度进程包括对进程的中断操作、改变优先级、查看进程状态等。

Linux 环境下常见的进程调用命令如表 8.1 所示。

表 8.1　常见的进程调用命令

命令	作用
ps	查看系统中的进程
top	动态显示系统中的进程
nice	按用户指定的优先级运行
renice	改变正在运行进程的优先级
kill	终止进程（包括后台进程）
crontabl	用于安装、删除或者列出用于驱动 cron 后台进程的任务
bg	将挂起的进程放到后台执行

8.2　Linux 进程控制

Linux 环境下，系统在进程启动会分配一个唯一的数值给该进程，这个数值就称为进程标识符。

在 Linux 中最主要的进程标识符有进程号（PID）和它的父进程号（PPID）。

PID 和 PPID 都是非零的正整数，PID 唯一地标识一个进程。

在 Linux 中获得当前进程的 PID 和 PPID 的系统调用函数为 getpid 和 getppid 函数。

例 8.1　设计一个程序，要求显示 Linux 系统分配给此程序的进程号（PID）和它的父进程号（PPID）。

源程序代码：

```
/*8-1.c 程序：显示 Linux 系统分配的进程号(PID)和它的父进程号(PPID)*/
 #include<stdio. h>      /*文件预处理,包含标准输入输出库*/
 #include <unistd. h>      /*文件预处理,包含进程控制函数库*/
 int main()      /*程序的主函数, 开始入口*/
{
    printf("系统分配的进程号(PID)是:%d\n", getpid());      /*显示输出进程号*/
    printf("系统分配的父进程号(pID)是:%\n", getppid());   /*显示输出父进程号*/
    return 0;
}
```

getpid 函数说明如表 8.2 所示。

表 8.2　getpid 函数

函数介绍	说明
所需头文件	#include<unistd. h>
函数功能	取得当前进程的进程号
函数原型	Pid_t getpid (void);

函数介绍	说明
函数传入值	无
函数返回值	执行成功则返回当前进程的进程标识符
相关函数	fork, kill, getppid

getppid 函数说明如表 8.3 所示。

表 8.3　getppid 函数

函数介绍	说明
所需头文件	#include<unistd. h>
函数功能	取得当前进程的父进程号
函数原型	Pid_t getpid(void);
函数传入值	无
函数返回值	执行成功则返回当前进程的父进程标识符
相关函数	fork, kill, getpid

8.2.1　进程的相关函数

Linux C 与进程相关的主要函数如表 8.4 所示。

表 8.4　Linux C 与进程相关的主要函数

函数名	函数功能
getpid	取得当前进程的进程号
getppid	取得当前进程的父进程号
fork	从已存在进程中创建一个新进程
exec 函数族	在进程中启动另一个程序执行
system	在进程中开始另一个进程
sleep	让进程暂停执行一段时间
exit	用来终止进程
_exit	用来终止进程
wait	暂停父进程，等待子进程运行完成
waitpid	暂停父进程，等待子进程运行完成

8.2.2　进程创建

1. exec 函数

例 8.2　设计一个程序，使该程序在运行时，能执行 vim 程序，即创建一个新的进程。并用 ps 命令查看程序的进程号与 vim 的进程号。

源程序代码：

/*8-2.c 程序：创建一个新进程,新进程的进程号和原程序的进程号相同*/

```
#include<stdio. h>    /*文件预处理,包含标准输入输出库*/
#include <unistd. h>   /*文件预处理,包含 getpid、getppid 函数库*/
int main()    /*程序的主函数, 开始入口*/
{
    char *args[]={"/usr/bin/vim", NULL];
    printf("系统分配的进程号(PID)是:%d\n", getpid());      /*显示输出进程号*/
    if (execve( "/usr/bin/vim", args, NULL)<0)      /*调用 vim 程序,创建新进程*/
    perror("用 execve 创建进程出错");
    retrun 1;
}
```

编译、运行该程序，系统会出现运行结果：先显示 Linux 系统分配的进程号（PID），接着运行 vim 程序，创建新的进程。

再打开一个终端，用 ps 查看原进程和新创建进程的进程号（PID）。可以看到，在新进程创建后，原来的进程已经终止了。

在用 execve 函数创建新进程后，会以新的程序取代原来的进程，然后系统会从新进程运行,但是新进程的 PID 值会与原来进程的 PID 值相同。一般情况下，程序在运行 execve 函数后是不会返回原进程的，只有在错误时才会返回-1，所以在原进程中的 execve 函数下方，加入 perror 函数，输出错误信息，并返回 1，表示有错误发生。

实际上，Linux 中并没有 exec 函数，而是有 6 个以 exec 开头的函数族。

exec 函数族的 6 个成员函数的语法如表 8.5 所示。

表 8.5   exec 函数族

所需头文件	#include<unistd. h>
函数原型	int execl(const char *path, const char *arg,···)
	int execv(const char *path,char const *argv[ ])
	int execle (const char *path, const char *arg··· char *const envp[ ])
	int execve const char *path,char *const argv[],char *const envp[ ])
	int execlp(const char *file, const char *arg···)
	int execvp(const char *file, ,char *const argv[ ])
函数返回值	-1:出错

事实上，这 6 个函数中真正的系统调用函数只有 execve，其他 5 个都是库函数，它们最终都会调用 execve 这个系统调用函数。

execv 函数的应用：要在程序中执行命令:ps -ef,命令 ps 在 "/bin" 目录下。在这个函数中，参数 argv 表示参数传递（命令），为此构造指针数组：

char *arg[]={"ps","-ef",NULL};

函数的使用为：

execv("/bin/ps",arg);

参考程序：

```
#include<stdio.h>              /*文件预处理，包含标准输入输出库*/
#include<unistd.h>             /*文件预处理，包含 getpid、getppid 函数库*/
int main ()                    /*C 程序的主函数，开始入口*/
{
    char *arg[]={"ls","-al",NULL};
    execv("/bin/ls",arg);
    return 1;
}
```

execlp 函数的应用：要在程序中执行命令：ps -ef，命令 ps 在"/bin"目录下。在这个函数中，参数 l 表示命令或参数逐个列举，参数 p 为文件查找方式（不需要给出路径）。因而此函数的调用形式为：

execlp("ps","ps","-ef",NULL);

execl 函数的应用：要在程序中执行命令：ps -ef，命令 ps 在"/bin"目录下。在这个函数中，参数 l 表示命令或参数逐个列举，文件需给定路径。因而此函数的调用形式为：

execl("/bin/ps","ps","-ef",NULL);

2. system 函数

system 函数是一个和操作系统紧密相关的函数。用户可以使用它在自己的程序中调用系统提供的各种命令。

用户使用 system 函数时不需要预处理头文件"unistd.h"。

例 8.3　设计一个程序，要求测试到 LUPA 社区的网络连通状况。

编辑源程序代码：

```
#include<stdio. h>           /*文件预处理,包含标准输入输出库*/
#include<stdlib. h>          /*文件预处理,包含 system 函数库*/
int main()             /*c 程序的主函数,开始入口*/
{
    int newret;
    printf("系统分配的进程号(pID)是:%d\n", getpid());      /*显示输出进程号*/
    newret=system("ping www. lupaworld. com");     /*调用 ping 程序,创建新进程*/
    return 0;
}
```

ping 是 Windows、Unix 和 Linux 系统下的一个命令，该命令也属于一个通信协议，是 TCP/IP 协议的一部分。利用 ping 命令可以检查网络是否连通，可以很好地帮助用户分析和判定网络故障。该命令还可以加许多参数使用，具体请键入 ping 按回车即可看到详细说明。

编译、运行上面程序，系统会出现运行结果：先显示 Linux 系统分配的进程号（PID），接着运行 ping 程序，创建新的进程。

再打开一个终端，用 ps 查看原进程和新创建进程的进程号（PID），可以看到，原来 6-3 的进程（PID）值和新进程的父进程号（PPID）值相同，在新进程创建后，原来的进程并没有终止。

注意：在第二个终端的时候，第一个终端中的 ping 不能结束。

system 函数说明如表 8.6 所示。

表 8.6　system 函数

函数介绍	说明
所需头文件	#include<stdlib. h>
函数功能	在进程中开始另一个进程
函数原型	int system(const char *string);
函数传入值	系统变量
函数返回值	执行成功则返回执行 shell 命令后的返回值,调用/bin/sh 失败则返回 127，其他失败原因则返回-1，参数 string 为空(NULL)则返回非零值
相关函数	fork, execve, waitpid, popen
备注	system()调用 fork 产生子进程,子进程调用/bin/sh -c string 来执行参数 string 字符串所代表的命令,此命令执行完后随即返回原调用的进程。如果调用成功，返回 shell 命令后的返回值也可能是 127，因此，最好能通过检查 errno 来确定。

3. fork 函数

使用 fork 函数创建进程时，新的进程叫作子进程，原来调用 fork 函数的进程则称为父进程。

子进程会复制父进程的数据和堆栈空间，并继承父进程的用户代码、组代码、环境变量、已经打开的文件代码、工作目录及资源限制等，但是子进程和父进程使用不同的内存空间。

例 8.4　设计一个程序，要求先显示当前目录下的文件信息，然后测试到 LUPA 社区的网络连通状况。

编辑源程序代码：

```
/*8-4.c 程序：显示当前目录下的文件信息，并测试网络连通状况*/
#include<stdio.h>              /*文件预处理，包含标准输入输出库*/
#include<stdlib.h>             /*文件预处理，包含 system、exit 等函数库*/
#include<unistd.h>             /*文件预处理，包含 fork、getpid、getppid 等函数库*/
#include<sys/types.h>    /*文件预处理，包含 fork 函数库*/
int main()    /*程序的主函数,开始入口*/
```

```
    {
        pid_t result;
        result=fork ();          /*调用 fork 函数,返回值存在变量 result 中*/
        int newret;
        if(result==-1)     /*通过 result 的值来判断 fork 函数的返回情况,这儿先进行出错
处理*/
        {
            perror("创建子进程失败");
                exit;
        }
        else if (result==0)      /*返回值为 0 代表子进程*/
        {
            printf("返回值是:%d,说明这是子进程!\n 此进程的进程号(PID)是:%d\n 此进程的
父进程号(PPID)是:%d\n", result, getpid(), getppid());
            newret=system("1s -1");       /*调用 1s 程序显示当前目录下的文件信息*/
        }
        else      /*返回值大于 0 代表父进程*/
        {
        sleep(10);
            printf("返回值是:%d,说明这是父进程!\n 此进程的进程号(PID)是:%d\n 此进程的
父进程号(PPID)是:%d\n", result, getpid(), getppid());
            newret=system("ping www. lupaworld. com") ; /*调用 ping 程序,测试网络连通*/
        }
    }
```

编译、运行程序，观察结果。

可以看到，程序使用 fork 函数创建了一个子进程，子进程的返回值是 0，父进程的返回值是子进程的进程号（PID），而子进程的父进程号（PPID）和父进程的进程号（PID）相同。可见，子进程由父进程派生出来。

注意：fork 函数使用一次就创建一个进程，因此若把 fork 函数放在 if else 判断语句或 for 循环语句中则要小心，不能多次使用 fork 函数。

如：

```
void main()
{
    for(;;)fork();
}
```

sleep 函数说明如表 8.7 所示。

表 8.7　sleep 函数

函数介绍	说明
所需头文件	#include<unistd. h>
函数功能	让进程暂停执行一段时间
函数原型	unsigned int sleep(unsigned int seconds);
函数传入值	seconds：暂停时间，单位为秒
函数返回值	执行成功则返回 0，失败则返回剩余秒数
相关函数	signal, alarm
备注	sleep()会令目前的进程暂停（进入睡眠状态），直到达到参数，seconds 所指定的时间，或是被信号所中断

fork 函数说明如表 8.8 所示。

表 8.8　fork 函数

函数介绍	说明
所需头文件	#include<unistd.h>
函数功能	建立一个新的进程
函数原型	pid_t fork (void)
函数传入值	无
函数返回值	执行成功则在子进程中返回 0，在父进程会返回新建立子进程的进程号（PID）；失败则返回-1，失败原因存于 errno 中
相关函数	wait, execve
备注	Linux 使用 copy-on- -write(COW)技术，只有当其中一进程试图修改欲复制的空间时才会做真正的复制动作，由于这些继承的信息是复制而来，并非指相同的内存空间，因此子进程对这些变量的修改和父进程并不会同步

函数应用 1：此例中，为什么用 sleep 等待 10 秒钟？

函数应用 2：设计一个程序，在子进程中调用函数 execl("/bin/ps","ps","-ef",NULL)，而在父进程中调用函数 execle("/bin/env","env",NULL,envp)，其中有定义： char *envp[]={"PATH=/tmp","USER=liu",NULL};

8.2.3　进程终止

滥用 fork 函数会占满系统进程，而且子进程与父进程使用不同的内存空间，不断产生子进程也可能让系统资源消耗殆尽。

Linux 环境下终止进程主要用 exit 和_exit 函数。

例 8.5　设计一个程序，要求子进程和父进程都在显示输出一些文字后分别用 exit 和_exit 函数进行终止。

编辑源程序代码:

```
/*8-5.c 程序:显示当前目录下的文件信息并测试网络连通状况*/
#include<stdio. h>        /*文件预处理,包含标准输入输出库*/
#include <unistd. h>       /*文件预处理,包含 fork 函数库*/
#include<sys/types. h>    /*文件预处理,包含 fork 函数库*/
int main()         /*c 程序的主函数,开始入口*/
{
    pid_t result;
    result=fork();        /*调用 fork 函数,返回值存在变量 result 中*/
    if(result==-1)     /*通过 result 的值来判断 fork 函数的返回情况,这儿先进行出错处
理*/
    {
        perror("创建子进程失败");
        exit(0);
    }
        else if (result==0)      /*返回值为 0 代表子进程*/
    {
        printf("测试终止进程的_exit 函数!\n");
        printf("这一行我们用缓存! ");
        _exit(0);
    }
        else      /*返回值大于 0 代表父进程*/
    {
        printf("测试终止进程的 exit 函数!\n");
        printf("这一行我们用缓存! ");
        exit(0);
    }
}
```

从结果可以看出，调用 exit 函数时，缓冲区中的记录能正常输出；而调用_exit 时，缓冲区中的记录无法输出，两者区别如图 8.1 所示。

_exit()函数直接使进程停止运行，清除其使用的内存空间，并清除其在内核中的各种数据结构。

exit()函数则在执行退出之前加了若干道工序：exit 函数在调用 exit 系统之前要查看文件的打开情况，把文件缓冲区中的内容写回文件。

exit 函数说明如表 8.9 所示。

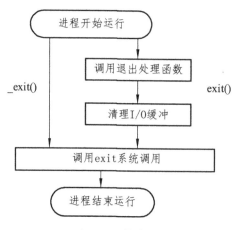

exit和_exit函数的区别

图 8.1   exit 和 _exit 函数的区别

表 8.9   exit 函数

函数介绍	说明
所需头文件	#include<stdlib.h>
函数功能	正常终止进程
函数原型	void exit(int status);
函数传入值	整数 status
函数返回值	无
相关函数	_exit, atexit, on_exit
备注	exit()用来正常终止目前进程的执行,并把参数 status 返回给父进程,而进程会自动写回所有的缓冲区数据并关闭未关闭的文件

_exit 函数说明如表 8.10 所示。

表 8.10   _exit 函数

函数介绍	说明
所需头文件	#include<stdlib. h>
函数功能	终止进程执行
函数原型	void _exit(int status)
函数传入值	整数 status
函数返回值	无
相关函数	exit, wait, abort
备注	exit()用来立刻终止目前进程的执行,并把参数 status 返回给父进程,并关闭未关闭的文件。_exit()不会处理标准 I/O 缓冲区

8.2.4　僵尸进程

僵尸进程（zombie），是指已终止运行但尚未被清除的进程，又称为过渡进程。

当使用 fork 函数创建子进程时，由于子进程有可能比父进程晚终止（即父进程终止后，子进程还没终止），子进程就成了僵尸进程。为避免这种情况，可以在父进程中调用 wait 或 waitpid 函数。

wait 函数用于使父进程阻塞，直到一个子进程终止或者该进程接到了一个指定的信号为止。

waitpid 的作用和 wait 一样，但它并不一定要等待第一个终止的子进程，它还有若干选项，也能支持作业控制。

实际上 wait 函数只是 waitpid 函数的一个特例，在 Linux 内部实现 wait 函数时直接调用的就是 waitpid 函数。

例 8.6　设计一个程序，要求复制进程，子进程显示自己的进程号(PID)后暂停一段时间，父进程等待子进程正常结束，打印显示等待的进程号(PID)和等待的进程退出状态。

编辑源程序代码：

```
/*8-6.c 程序:避免子进程成为僵尸进程*/
 #include<stdio. h>        /*文件预处理,包含标准输入输出库*/
 #include<unistd. h>       /*文件预处理,包含 fork 函数库*/
 #include<sys/ types. h>    /*文件预处理,包含 fork、wait、waitpid 函数*/
 #include<sys/wait. h>      /*文件预处理,包含 wait、waitpid 函数*/
 int main()     /*C 程序的主函数,开始入口*/
{
    pid_t pid, wpid;
    int status,i;
    pid=fork();      /*调用 fork 函数复制进程,返回值存在变量 pid 中*/
    if (pid==0)
    {
        printf("这是子进程,进程号(pid)是:%d\n", getpid());
        sleep(5);        /*子进程等待 5 秒钟*/
        exit(6);
    }
    else
    {
        printf("这是父进程,正在等待子进程…\n");
        wpid=wait(&status);      /*父进程调用 wait 函数,消除僵尸进程*/
        i=WEXITSTATUS(status); /*通过整形指针 status,取得子进程退出时的状态*/
```

```
        printf("等待的进程的进程号(pid)是:%d,结束状态:%d\n",wpid,i);
    }
}
```

例 8.6 流程图如图 8.2 所示。

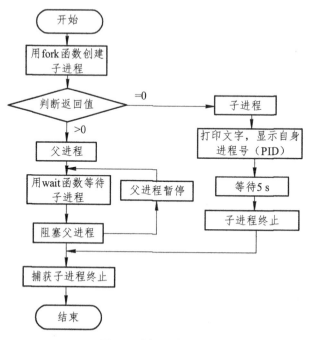

图 8.2 例 8.6 流程图

此例中的子进程运行时间明显比父进程时间长。为了避免子进程成为僵尸进程，父进程调用 wait 阻塞父进程的运行，等待子进程正常结束后才继续运行，直到正常结束。

wait 函数说明如表 8.11 所示。

表 8.11 wait 函数

函数介绍	说明
所需头文件	#include<sys/types.h> #include<sys/wait. h>
函数功能	等待子进程中断或结束
函数原型	pid_t wait (int * status);
函数传入值	status 子进程状态
函数返回值	执行成功则返回子进程识别码（PID），如果有错误发生则返回-1。失败原因存于 errno 中
相关函数	waitpid, fork
备注	wait()会暂停目前进程的执行,直到有信号到来或子进程终止

例 8.7 设计一个程序，要求用户可以选择是否复制进程，子进程模仿思科(Cisco)

1912 交换机的开机界面，以命令行的方式让用户进行选择，父进程判断子进程是否正常终止。

流程图如图 8.3 所示。

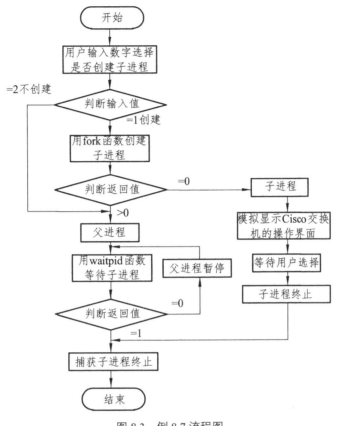

图 8.3   例 8.7 流程图

编辑源程序代码："

```
/*8-7.c 程序：父进程运行比子进程快,避免子进程成为僵尸进程*/
#include<stdio. h>      /*文件预处理,包含标准输入输出库*/
#include<unistd. h>    /*文件预处理,包含 fork 函数库*/
#include<sys/ types. h>    /*文件预处理,包含 fork、wait、 waitpid 函数库*/
#include<sys/wait. h>    /*文件预处理,包含 wait、waitpid 函数库*/
void display0()         /*子程序声明*/
void display1();
void display20
int main()        /*程序的主函数,开始入口*/
{ pid_t result;
int status, select, num;
void (*fun[3])();      /*利用函数指针建立三个子程序*/
fun [0]=display0;
```

```
fun [1]=display1;
fun [2]=display2;
printf("1.复制进程\n2.不复制进程\n 请输入您的选择:");
scanf("%d",&select);
if(select==1)              /*如果用户输入 1,复制进程*/
{
    result=fork();         /*调用 fork 函数复制进程,返回值存在变量 result 中*/
    if (result==-1)
  {
    perror("复制进程出错");
    exit(1);
  if (result==0)        /*子进程*/
   {
        printf("这是子进程(进程号:%d,父进程号:%d):", getpid(), getppid());
        printf(("进入思科(cisco)1912 交换机开机界面。\n");
        printf ("1 user(s) now active on Management Console. \n");
        printf("\tUser Interface Menu\n");
        printf("\t[0] Menus\n");
        printf("\t[1] Command Line\n");
        printf("\t [2] IP Configuration\");
        printf("Enter Selection");
        scanf("%d",&num);            /*运用函数指针,运行相应的子程序*/
        if (num>=0&&num<=2)
              (*fun[num])();
        exit(0);
   }
    else
    {
        waitpid(result,&status,0);            /*父进程调用 waitpid 函数,消除僵尸
                                             进程*/
        printf("这是父进程(进程号:%d,父进程号:%d)\n", getpid(), getppid());
        if(WIFEXITED(status)==0)
            printf("子进程非正常终止,子进程终止状态:%d\n", WIFEXITED(status));
        else
            printf("子进程正常终止,子进程终止状态:%d\n", WIFEXITED(status));
            exit(0);
    }
}
```

```
void display0()                 /*子程序部分*/
{
    printf("您选择进入了菜单模式\n");
}
void display1()
{
    printf("您选择进入了命令行模式\n");
}
void display2()
{
    printf("您选择进入了 IP 地址配置模式\n");
}
```

编译、运行程序，提示是否复制进程，先选择"2. 不复制进程"，此时没有产生子进程，返回值为"0"。

再次运行程序后，选择"1. 复制进程"，此时产生子进程，子进程的功能是模拟交换机的开机界面，提示选择画面，这时选择 0，进入子程序 display0，等待子程序运行终止后，返回值为"1"，父进程才终止。

修改程序：不用 waitpid 函数。

再次运行程序后，选择"1.复制进程"，这时候父进程没有等待子进程，也就是在模拟显示完交换机的开机界面后，根本没来得及输入选择，父进程就终止了，子进程就变成了僵尸进程。

由此例可以看出，在没有语法、语义等错误的情况下，程序还是没有完成设计要求。可见，在多进程程序设计时，除了养成使用完后就终止的良好习惯，还要让子进程工作完成后再终止，这个时候父进程就得灵活使用 wait 函数和 waitpid 函数。

waitpid 函数说明如表 8.12 所示。

表 8.12　waitpid 函数

函数介绍	说明
所需头文件	#include<sys/types. h> #include<sys/wait.h>
函数功能	等待子进程中断或结束
函数原型	pid_t waitpid(pid_t pid, int *status, int options);
函数传入值	pid：子进程号； status：子进程状态； options 可以为 0 或后面的 or 组合： WNOHANG——如果没有任何已终止的子进程则马上返回，不予等待； WUNTRACED——如果子进程进入暂停执行则马上返回，但终止状态不予理会

函数介绍	说明
函数返回值	执行成功则返回子进程号（PID），失败则返回-1，失败原因存于 errno 中
相关函数	wait, fork
备注	waitpid()会暂停目前进程的执行,直到有信号到来或子进程终止

8.3 Linux 守护进程

守护进程（Daemon）是运行在后台的一种特殊进程。

守护进程独立于控制终端并且周期性地执行某种任务或等待处理某些发生的事件。

守护进程是一种很有用的进程，Linux 的大多数服务器就是用守护进程实现的。

同时，守护进程完成许多系统任务。

8.3.1　守护进程及其特性

守护进程最重要的特性是后台运行。

守护进程必须与其运行前的环境隔离开来。这些环境包括未关闭的文件描述符、控制终端、会话和进程组、工作目录以及文件创建掩码等。这些环境通常是守护进程从执行它的父进程（特别是 Shell）中继承下来的。

守护进程的启动方式有其特殊之处。它可以在 Linux 系统启动时从启动脚本/etc/rc.d 中启动，也可以由作业规划进程 crond 启动，还可以由用户终端（通常是 Shell）执行。

通过 ps –aux 命令可查看 Linux 环境下的守护进程：

（1）Init 系统守护进程：它是进程 1，负责启动各运行层次特定的系统服务。

（2）Keventd 守护进程：为在内核中运行计划执行的函数提供进程上下文。

（3）Kswapd 守护进程：也称为页面调出守护进程。它通过将脏页面以低速写到磁盘上，从而使这些页面在需要时仍可回收使用，这种方式支持虚存子系统。

（4）bdflush 和 kupdated 守护进程：Linux 内核使用两个守护进程 bdflush 和 kupdated 将调整缓存中的数据冲洗到磁盘上。当可用内存达到下限时，bdflush 守护进程将脏缓冲区从缓冲池中冲洗到磁盘上，每隔一定时间间隔，kupdated 守护进程将脏页面冲洗到磁盘上，以便在系统失效时减少丢失的数据。

（5）portmap 端口映射守护进程：提供将 RPC（远程过程调用）程序号映射为网络端口号的服务。

（6）syslogd 守护进程：可由帮助操作人员把系统消息记入日志的任何程序使用。

（7）inetd 守护进程（xinetd）：侦听系统网络接口，以便取得来自网络的对各种网络服务进程的请求。

（8）nfsd、lockd、rpciod 守护进程：提供对网络文件系统（NFS）的支持。

（9）cron 守护进程：在指定的日期和时间执行指定的命令。许多系统管理任务是由

cron 定期地执行相关程序而实现的。

（10）cupsd 守护进程：是打印假脱机进程，它处理对系统提出的所有打印请求。

注意：大多数守护进程都以超级用户（用户 ID 为 0）特权运行，没有一个守护进程具有控制终端，其终端名设置为问号（？）。

8.3.2 编写守护进程的要点

守护进程执行流程图如图 8.4 所示。

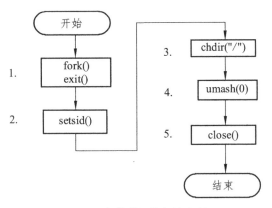

图 8.4　守护进程执行流程图

1. 创建子进程，终止父进程

pid=fork();
if(pid>0)
{exit(0);}　　　/*终止父进程*/

2. 在子进程中创建新会话

setsid 函数用于创建一个新的会话，并担任该会话组的组长，其作用有：
让进程摆脱原会话的控制；
让进程摆脱原进程组的控制；
让进程摆脱原控制终端的控制。
setsid 函数能够使进程完全独立出来，从而脱离所有其他进程的控制。

3. 改变工作目录

改变工作目录的常见函数是 chdir。

4. 重设文件创建掩码

文件创建掩码是指屏蔽掉文件创建时的对应位。
设置文件创建掩码的函数是 umask，把文件创建掩码设置为 0，可以大大增强该守护进程的灵活性。

5. 关闭文件描述符

通常按如下方式关闭文件描述符：

for(i=0;i<NOFILE;i++)

close(i);

或者也可以用如下方式：

for(i=0;i<MAXFILE;i++)

close(i);

8.3.3　守护进程的编写

例 8.8　设计两个程序,主程序 8-8.c 和初始化程序 init.c。要求主程序每隔 10 s 向/tmp 目录中的日志 8-8.log 报告运行状态。初始化程序中的 init_daemon 函数负责生成守护进程。

程序设计流程图如图 8.5 所示。

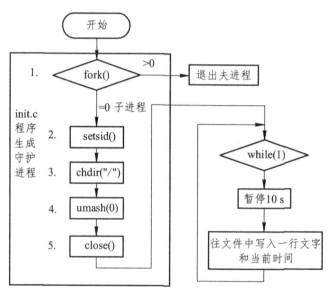

图 8.5　例 8.8 程序设计流程图

编辑源程序代码：

/*8-8.c 程序：主程序每隔十秒向/tmp 目录中的日志 8-8.1og 报告运行状态*/

```c
#include <stdio. h>        /*文件预处理,包含标准输入输出库*/
#include <time. h>        /*文件预处理,包含时间函数库*/
void init_daemon(void);        /*守护进程初始化函数*/
int main()                /*程序的主函数,开始入口*/
{
    FILE *fp;
    time_t t;
    init_daemon();        /*初始化为 Daemon*/
```

```
        while(1)              /*无限循环,每隔 10 s 向 8-8.1og 写入运行状态*/
        {
            sleep(10);       /*睡眠 10 s*/
            if((fp=fopen("8-8.log","a")) >=0)
            {
                t=time(0);
                fprintf(fp,"守护进程还在运行,时间是:%s", asctime(localtime(t)));
                fclose(fp);
            }
        }
}
/*init.c 程序：生成守护进程*/
#include <unistd. h>      /*文件预处理,包含标准输入输出库*/
#include <signal. h>
#include <sys/param. h)
#include <sys/types. h>
#include <sys/stat. h>
void init daemon(void)
{
    pid_ t    child1, child2;
    int i;
    child1=fork();
    if(child1>0)        /*1. 创建子进程,终止父进程*/
        exit(0);                /*这是子进程,后台继续执行*/
    else if(child1< 0)
    {
        perror("创建子进程失败");    /*fork 失败,退出*/
        exit(1);
    }
    setsid();          /*2. 在子进程中创建新会话*/
    chdir("/tmp");     /*3. 改变工作目录到"/tmp"*/
    umask(0);          /*4. 重设文件创建掩码*/
    for(i=o;i< NOFILE;++i)          /*5. 关闭文件描述符*/
        close(i);
        return 0;
}
```

这里的 fopen 函数必须具有 root 权限。如果没有 root 权限，可以看到守护进程的运行，但不会在文件里写入任何字符。

编译、运行文件后，没有任何提示，等待一段时间后，查看 8-8.log 文件中有没有文字写入，输入"tail -f /tmp/6-8.log"，显示多条文字，从时间上看出守护进程每隔 10 s 写入一串字符。

用 ps 命令查看进程，可见 8-8 一直在运行，而且看到"?"，结合 Linux 环境下进程的知识，知道确实有了一个守护进程。

注意：父进程创建了子进程而又退出之后，此时该子进程就变成了"孤儿进程"。在 Linux 中，每当系统发现一个孤儿进程，就会自动由 1 号进程（也就是 init 进程）"收养"它，原先的子进程就变成 init 进程的子进程了。

setsid 函数说明如表 8.13 所示。

表 8.13　setsid 函数

函数介绍	说明
所需头文件	#include<sys/types.h> #include<unistd. h>
函数功能	设置新的组进程号
函数原型	pid_t setsid(void);
函数传入值	无
函数返回值	执行成功则返回进程组号(gid),失败则返回-1，失败原因存于 errno 中
相关函数	setregid, setegid, getsid, setregid
备注	如果调用此函数的进程不是一个进程组的组长,则此函数创建一个新对话期，结果为：① 此进程变成该新对话期的对话期首进程,此进程是该新对话期中的唯一进程；② 此进程成为一个新进程组的组长进程,新进程组号是此调用进程的进程号；③ 此进程没有控制终端。如果在调用 setsid 之前此进程有一个控制终端,那么这种联系也被解除。 如果此调用进程已经是一个进程组的组长,则此函数返回出错。为了保证不处于这种情况,通常先调用 fork,然后使其父进程终止,而子进程则继续

例 8.9　设计两个程序，要求运行后成为守护进程，守护进程又复制出一个子进程，守护进程和它的子进程都调用 syslog 函数，把结束前的状态写入系统日志文件。

编辑源程序代码：

/*8-9.c 程序：守护进程和它的子进程退出，信息写入系统日志文件*/

```
#include<stdio. h>
#include<stdlib. h>
#include<sys/types. h>
#include <unistd. h>
```

```c
#include<sys/wait. h>
#include<syslog. h>
#include <signal. h>
#include <sys/param. h>
#include <sys/stat. h>
int main()
{
    pid_t child1, child2;
    int i;
    childl=fork();
    if(child1>0)                    /*1. 创建子进程,终止父进程*/
        exit(0);                        /*这是第一子进程,后台继续执行*/
    else if(child1< 0)
    {
        perror("创建子进程失败");     /*fork 失败,退出*/
        exit(1);
    }
    setsid();           /*2. 在子进程中创建新会话*/
    chdir("/");          /*3. 改变工作目录到""*/
    umask(0);           /*4. 重设文件创建掩码*/
    for(i=0;i< NOFILE;++i)    /*5. 关闭文件描述符*/
    close(i);
    openlog("例 8-9 程序信息",LOG_PID,LOG_DAEMON) ;   /*调用 openlog,打开
日志文件*/
    child2=fork();
    if (child2==-1)
    {
        perror("创建子进程失败");     /*fork 失败,退出*/
        exit(1);
    }
    else if (child2==0)
    {
        syslog(LOG_INF0, "第二子进程暂停 5 s! ");   /*调用 syslog, 写入系统日志*/
        sleep(5);      /*睡眠 5 秒钟*/
        syslog(LOG_INF0, "第二子进程结束运行。"); /*调用 syslog, 写入系统日志*/
        exit(0);
    }
    else     /*返回值大于 0 代表父进程,这是第二子进程的父进程,即第一子进程*/
```

```
        {
          waitpid(child2, NULL,0);      /*第一子进程调用 waitpid 函数,等待第二子进程*/
          syslog(LO_INF0,"第一子进程在等待第二子进程结束后,也结束运行。");
          closelog();        /*调用 closelog,关闭日志服务*/
          while(1)              /*无限循环*/
        {
        sleep(10);        /睡眠 10 s*/
          }
      }
      }
```

例 8.9 程序设计流程图如图 8.6 所示。

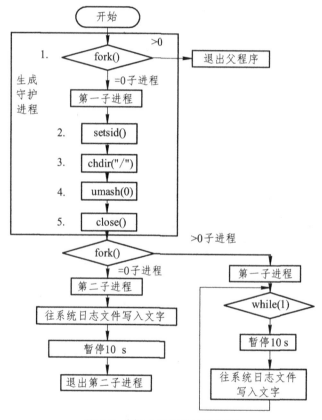

图 8.6 例 8.9 程序设计流程图

注意:调用 openlog、syslog 函数,操作的系统日志文件 "/var/log/message" 必须具有 root 权限。

编译、运行程序后,没有任何提示,等待一段时间后,查看一下/var/log/messages 文件中有没有文字写入,输入 "tail -f /var/log/messages",此时显示多条文字,说明守护进程通过系统日志管理服务写入一串字符,而且从时间上看出,第二子进程确实是在暂停 5 s 后退出的。

用 ps 命令查看进程，可见 8-9 一直在运行，而且看到"?"结合 Linux 环境下进程的知识，知道确实有了一个守护进程。

openlog 函数说明如表 8.14 所示。

表 8.14 openlog 函数

函数介绍	说明
所需头文件	#include<syslog. h>
函数功能	准备做信息记录
函数原型	void openlog (char *ident,int option, int facility);
函数传入值	option 参数主要有： LOG_CONS：如果无法将信息送至 syslogd，则直接输出到控制台； LOG_PID：将信息字符串加上产生信息的进程号（PID）； Facility 参数代表信息种类，主要有： LOG_CRON：由 cron 或 at 程序产生的信息； LOG_DAEMON：由系统 daemon 产生的信息
函数返回值	无
相关函数	syslog, closelog

syslog 函数说明如表 8.15 所示。

表 8.15 syslog 函数

函数介绍	说明
所需头文件	#include<syslog. h>
函数功能	将信息记录至系统日志文件
函数原型	void syslog (int priority, char *format,…);
函数传入值	Priority 指定信息的种类或等级，主要有： LOG_INFO：提示相关信息； LOG_DEBUG：除错相关信息； format 参数和 printf 函数相同
函数返回值	无
相关函数	openlog, closelog

8.4 思考与实验

1. 什么是进程？进程与作业有何区别？
2. 进程启动的方式有哪几种？
3. 用 exec 函数创建一个进程，显示当前目录下的文件信息。
4. execle 函数的应用：要在程序执行时设定环境变量，路径为 tmp，用户为 liu，执行命令 env 时把这些环境变量传递给系统。在这一函数中，参数 e 表示可传递新进程环境变量，参数 l 表示命令或参数逐个列举，文件查找需给出路径，命令 env 在"/bin"目录下。把环境变量设定为：

char *envp[]={"PATH=/tmp","USER=liu",NULL};

因而此函数的调用形式为：

execle("/bin/env","env",NULL,envp);

请编写一程序进行调试。

5. execve 函数的应用：要在程序执行时设定环境变量，路径为 tmp，用户为 liu，执行命令 env 时把这些环境变量传递给系统。在这一函数中，参数 e 表示可传递新进程环境变量，参数 v 表示传递的参数(含命令)为构造指针数组，文件查找需给出路径，命令 env 在 "/bin" 目录下。把环境变量设定为：

char *envp[]={"PATH=/tmp","USER=liu",NULL};

参数的构造指针数组为：

char *arg[]={"env",NULL};

因而此函数的调用形式为：

execve("/bin/env","env",NULL,envp);

请编写一程序进行调试。

6. execvp 函数的应用：要在程序中执行命令:ps –ef，命令 ps 在 "/bin" 目录下。在这一函数中，参数 v 为构造指针数组，参数 p 为文件查找方式（不需要给出路径）。因而构造的指针数组为：

char *arg[]={"ps","-ef",NULL};

此函数的调用形式为：

execvp("ps",arg);

请编写一程序进行调试。

7. 编写一个后台检查邮件的程序，该程序每隔一个指定的时间会去检查邮箱，如果发现有邮件了，会不断地通过机箱上的小喇叭来发出声音报警（Linux 的默认个人的邮箱地址是 /var/spool/mail/用户的登录名）。

第9章 进程间的通信

9.1 信号及信号处理

9.1.1 信号及其使用

信号是在软件层次上对中断机制的一种模拟，是一种异步通信方式。信号可以实现用户空间进程和内核进程之间的直接交互，内核进程也可以利用它来通知用户空间进程发生了哪些系统事件。

信号事件的发生有两个来源：

（1）硬件来源：如按下了键盘【Delete】键或者鼠标单击，通常产生中断信号（SIGINT）或者其他硬件故障。

（2）软件来源：如使用系统调用或者是命令发出信号。最常用发送信号的系统函数是 kill、raise、alarm、setitimer、sigation 和 sigqueue 函数，软件来源还包括一些非法运算等操作。

例 9.1 列出系统所支持的所有信号列表。

（1）使用系统命令：#kill -l

（2）分析。

① SIG 信号。

在 Linux 下，每个信号的名字都以字符 SIG 开头，每个信号和一个数字编码相对应，在头文件 signum.h 中，这些信号都被定义为正整数。

② SIGRTMIN 信号是从 UNIX 系统中继承下来的称为不可靠信号（也称为非实时信号）。

SIGRTMIN 信号特点：不支持排队；发送用户进程判断后注册；发现相同信号已经在进程中注册，就不再注册，忽略该信号。前面显示的 31 种"SIG"开头的信号，也属于非实时信号。

③ SIGRTMAX 是为了解决前面"不可靠信号"问题而进行更改和扩充的信号，称为可靠信号（也称为实时信号）。

SIGRTMAX 信号特点：支持排队；发送用户进程一次就注册一次；发现相同信号已经在进程中注册，也要再注册。

一旦有信号产生，信号生命周期如图 9.1 所示。用户进程对信号的响应有 3 种方式：

（1）执行默认操作。Linux 对每种信号都规定了默认操作。

（2）捕捉信号。定义信号处理函数，当信号发生时，执行相应的处理函数。

（3）忽略信号。不希望接收到的信号对进程的执行产生影响，而让进程继续进行时，可以忽略该信号，即不对信号进程任何处理。

常见信号的含义及其默认操作如表 9.1 所示。

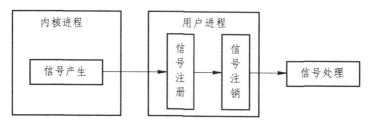

图 9.1　信号生命周期

表 9.1　常见信号的含义及其默认操作

信号名	含义	默认操作
SIGHUP	该信号在用户终端连接（正常或非正常）结束时发出，通常是终止在终端的控制进程结束时，通知同一会话内的各个作业与控制终端不再关联	终止
SIGINT	该信号在用户按下中断键时（一般是【Ctrl+C】），系统便会向该终端相关的进程发送此信号	终止
SIGQUIT	该信号在用户按下退出键时（一般是【Ctrl+\】），系统会发送此信号，会造成进程非正常终止	终止
SIGILL	该信号在一个进程企图执行一条非法指令时（可执行文件本身出现错误，或者试图执行数据段、堆栈溢出时）发出	终止
SIGFPE	该信号在发生致命的算术运算错误时发出	终止
SIGKILL	该信号是一个特殊的信号，用来立即结束程序的运行，并且不能被阻塞、处理或忽略	终止
SIGALRM	该信号在一个定时器计时完成时发出，定时器可以通过进程调用 alarm 函数来设置	终止
SIGSTOP	该信号是一个特殊的信号，用于暂停一个进程，并且不能被阻塞、处理或忽略	暂停进程
SIGTSTP	该信号在用户按下挂起键时（一般是【Ctrl+Z】）由系统发出,会造成进程挂起	停止进程
SIGCHLD	该信号在子进程结束时向父进程发出。当进程中有子进程时，若运行了 exit 函数，就会向父进程发送此信号，此时如果父进程正在 wait 函数，则它会被唤醒，但如果父进程没有在 wait 函数，它就不会捕捉此信号，此时子进程就会变成僵尸进程	忽略

9.1.2　信号操作的相关函数

信号操作的相关函数如表 9.2 所示。

表 9.2 信号操作的相关函数

函 数	功 能
kill	发送信号 SIGKILL 给进程或进程组
raise	发送信号给进程或自身
alarm	定时器时间到时向进程发送 SIGALARM 信号
pause	没有捕捉信号前一直将进程挂起
signal	捕捉信号 SIGINT、SIG_IGN、SIG_DFL 或 SIGQUIT 时执行信号处理函数
sigemptyset	初始化信号集合为空
sigfillset	初始化信号集合为所有信号集合
sigaddset	将指定信号加入指定集合
sigdelset	将指定信号从信号集中删除
sigismember	查询指定信号是否在信号集合之中
sigprocmask	判断检测或更改信号屏蔽字

1. 信号发送

信号发送的关键,是使系统知道向哪个进程发送以及发送什么信号。能否向某一进程发送某一特定信号是和用户的权限密切相关的。

例 9.2 设计一个程序,要求用户进程复制出一个子进程,父进程向子进程发出信号,子进程收到此信号,结束子进程。

程序设计流程如图 9.2 所示。

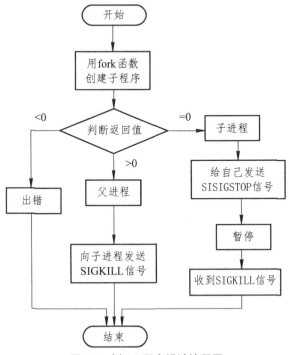

图 9.2 例 9.2 程序设计流程图

源程序代码：

```c
#include"stdio.h"
#include"sys/types.h"
#include"signal.h"
#include"stdlib.h"
#include"unistd.h"
#include"sys/wait.h"
int main()        /*程序的主函数，开始入口*/
{
 pid_t result;
 int ret;
 result=fork();   /*调用 fork 函数，复制进程，返回值存在变量 result 中*/
 int newret;
 if(result<0)     /*通过 result 的值来判断 fork 函数的返回情况，这里进行出错处理*/
 {
    perror("创建子进程失败");
    exit(1);
 }
 else if(result==0)        /*返回值为 0 代表子进程*/
 {
    raise(SIGSTOP);        /*调用 raise 函数,发送 SIGSTOP 使子进程暂停*/
    exit(0);
 }
 else         /*返回值大于 0 代表父进程*/
 {
    printf("子进程的进程号 PID 是:%d\n",result);
    if((waitpid(result,NULL,WNOHANG))==0)
    {
    if(ret=kill(result,SIGKILL)==0)              /*调用 kill 函数,发送 SIGKILL 信号结束子进程 result*/
          printf("用 kill 函数返回值是:%d,发出的 SIGKILL 信号结束的进程号: %d\n",ret,result);
        else
          perror("kill 函数结束子进程失败");
    }
  }
}
```

编译成功后，运行可执行文件，此时系统会显示子进程的进程号（PID）、kill 函数的返回值和 SIGKILL 信号所结束进程的进程号（PID）。

由此例可知，系统调用 kill 函数和 raise 函数，都是简单地向某一进程发送信号。kill 函数用于给特定的进程或进程组发送信号，raise 函数用于向一个进程自身发送信号。

kill 函数说明如表 9.3 所示。

表 9.3　kill 函数

函数介绍	说明
所需头文件	#include<sys/types. h> #include<signal.h>
函数功能	发送信号给指定的进程
函数原型	int kill(pid_t pid,int sig);
函数传入值	发送参数 sig 指定的信号给参数 pid 指定的进程。参数 pid 有几种情况： pid>0：将信号传给进程识别码为 pid 的进程 pid=0：将信号传给和目前进程相同进程组的所有进程 pid=-1：将信号广播传送给系统内所有的进程 pid<0：将信号传给进程组识别码为 pid 绝对值的所有进程 参数 sig 代表的主要信号参考前面的 Linux 系统常见信号的含义及其默认
函数返回值	执行成功则返回 0,如果有错误则返回-1

raise 函数说明如表 9.4 所示。

表 9.4 raise 函数

函数介绍	说明
所需头文件	#include<signal.h>
函数功能	发送信号给当前的进程
函数原型	int raise (int sig);
函数传入值	参数 sig 代表的主要信号参考前面的 Linux 系统常见信号的含义及其默认
函数返回值	执行成功则返回 0，如果有错误则返回-1
备注	相当于 kill 函数，但只能发送信号给当前进程

2. 信号处理

当某个信号被发送到一个正在运行的进程时，该进程即对此特定信号注册相应的信号处理函数，以完成所需处理。

例 9.3　设计一个程序，要求程序运行后进入无限循环，当用户按下中断键【Ctrl+C】时，进入程序的自定义信号处理函数，当用户再次按下中断键【Ctrl+C】后，结束程序运行。

源程序代码：

```c
#include"stdio.h"
#include"sys/types.h"
#include"signal.h"
#include"stdlib.h"
#include"unistd.h"
#include"sys/wait.h"
void fun_ctrl_c();
int main()
{
    (void) signal(SIGINT,fun_ctrl_c);
    printf("主程序：程序进入一个无限循环！\n");
    while(1)
    {
        printf("这是一个无限循环（退出按 Ctrl+C 键）！\n");
        sleep(3);
    }
     exit(0);
}
void fun_ctrl_c()
{
    printf("\t 你按了 Ctrl+C 哦：\n");
    printf("\t 信号处理函数：有什么要处理，在处理函数中编程！\n");
    printf("\t 此例不处理，重新恢复 SIGINT 信号的系统默认处理。\n");
    (void) signal(SIGINT,SIG_DFL);
}
```

例 9.3 程序设计流程图如图 9.3 所示。

signal 函数主要用于前 31 种非实时信号的处理，不支持信号传递信息(函数类型是 void)，但使用简单、方便，只需把要处理的信号和处理函数列出即可，因此很受软件工程师欢迎。

signal 函数说明如表 9.5 所示。

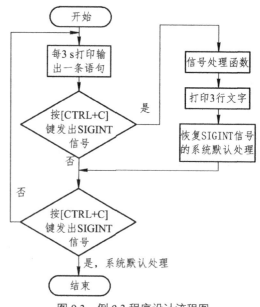

图 9.3　例 9.3 程序设计流程图

表 9.5　signal 函数

函数介绍	说明
所需头文件	#include\<signal.h\>
函数功能	设置信号处理方式
函数原型	void (*signal(int signum, void(* handler)(int)))(int);
函数传入值	signal()会依参数 signum 指定的信号编号来设置该信号的处理函数。当指定的信号到达时就会跳转到参数 handler 指定的函数执行。如果参数 handler 不是函数指针，则必须是下列两个常数之一： SIG IGN：忽略参数 signum 指定的信号； SIG_DFL：将参数 signum 指定的信号重设为核心预设的信号处理方式
函数返回值	返回先前的信号处理函数指针，如果有错误则返回 SIG_ERR(-1)

3. 信号阻塞

有时既不希望进程在接收到信号时立刻中断进程的执行，也不希望此信号完全被忽略掉，而是延迟一段时间再去调用信号处理函数，这个时候就需要信号阻塞来完成。

例 9.4　设计一个程序，要求程序主体运行时，即使用户按下中断键【Ctrl+C】，也不能影响正在运行的程序，等程序主体运行完毕后才能进入自定义信号处理函数。

程序设计流程图如图 9.4 所示。

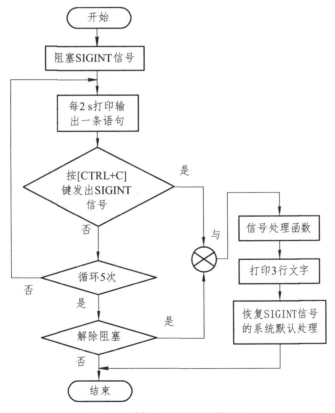

图 9.4　例 9.4 程序设计流程图

源程序代码:

```c
#include"stdio.h"
#include"sys/types.h"
#include"signal.h"
#include"stdlib.h"
#include"unistd.h"
#include"sys/wait.h"
void fun_ctrl_c();
int main()
{
    int i;
    sigset_t set,pendset;
    struct sigaction action;
    (void) signal(SIGINT,fun_ctrl_c);
    if(sigemptyset(&set)<0)
        perror("初始化信号集合错误");
    if(sigaddset(&set,SIGINT)<0)
        perror("加入信号集合错误");
    if(sigprocmask(SIG_BLOCK,&set,NULL)<0)
        perror("往信号阻塞集增加一个信号集合错误");
    else
    {
        for(i=0;i<5;i++)
        {
            printf("显示此文字, 表示程序处于阻塞信号状态! \n");
            sleep(2);
        }
    }
    if(sigprocmask(SIG_BLOCK,&set,NULL)<0)
    perror("往信号阻塞集增加一个信号集合错误");
}
void fun_ctrl_c()
{
    printf("\t 你按了 Ctrl+C 哦: \n");
    printf("\t 信号处理函数: 有什么要处理, 在处理函数中编程! \n");
    printf("\t 此例不处理, 重新恢复 SIGINT 信号的系统默认处理。\n");
    (void) signal(SIGINT,SIG_DFL);
}
```

sigemptyset 函数说明如表 9.6 所示。

表 9.6　sigemptyset 函数

函数介绍	说明
所需头文件	#include<signal.h>
函数功能	初始化信号集
函数原型	int sigemptyset(sigset_t *set);
函数传入值	将参数 set 信号集初始化并清空
函数返回值	执行成功则返回 0，如果有错误则返回-1
备注	错误代码：EFAULT 参数 set 指针地址无法存取

sigaddset 函数说明如表 9.7 所示。

表 9.7　sigaddset 函数

函数介绍	说明
所需头文件	#include<signal. h>
函数功能	增加一个信号至信号集
函数原型	int sigaddset(sigset_t *set, int signum);
函数传入值	将参数 signum 代表的信号加入至参数 set 信号集里
函数返回值	执行成功则返回 0，如果有错误则返回-1
备注	错误代码：EFAULT 参数表示 set 指针地址无法存取，EINVAL 参数表示 signum 为非合法的信号编号

sigprocmask 函数说明如表 9.8 所示。

表 9.8　sigprocmask 函数

函数介绍	说明
所需头文件	#include<signal. h>
函数功能	查询或设置信号掩码
函数原型	int sigprocmask(int how, const sigset_t *set, sigset* oldset);
函数传入值	用来改变目前的信号掩码,参数 how 值有： SIG_BLOCK：新的信号掩码由目前的信号掩码和参数 set 指定的信号掩码做联集； SIG_UNBLOCK：将目前的信号掩码删除掉参数 set 指定的信号掩码； SIG_SETMASK：将目前的信号掩码设成参数 set 指定的信号掩码
函数返回值	执行成功则返回 0，如果有错误则返回-1

9.2　管　道

在 Linux 中，管道是一种特殊的文件，对一个进程来说，管道的写入和读取与一个普通文件没有区别。

在 Linux 系统中，管道用于两个进程间的通信，这两个进程要有同源性，即它们必须是最终由同一个进程所生成的进程。管道通信采用的是半双工方式，即同一时间只允许单方向传输数据。

管道是 Linux 支持的最初 Unix IPC 形式之一，具有以下特点：

（1）管道是半双工的，数据只能向一个方向流动；需要双方通信时，需要建立起两个管道。

（2）只能用于父子进程或者兄弟进程之间（具有亲缘关系的进程）。

（3）单独构成一种独立的文件系统：管道对于管道两端的进程而言，就是一个文件，但它不是普通的文件，也不属于某种文件系统，而是单独构成一种文件系统，并且只存在于内存中。

管道操作中的常用函数如表 9.9 所示。

表 9.9 管道操作中的常用函数

函数	功能
pipe	创建无名管道
popen	创建标准流管道
mkfifo	判断检测或更改信号屏蔽字

9.2.1 低级管道操作

低级管道操作时，建立管道用 pipe 函数，建立管道后 Linux 系统会同时为该进程建立 2 个文件描述符 pipe_fd[0] 和 pipe_fd[1]。pipe_fd[0] 用来从管道读取数据，pipe_fd[1] 用来把数据写入管道，低级管道操作过程如图 9.5 所示。

子进程写入管道，父进程从管道读出

父进程写入管道，子进程从管道读出

图 9.5 低级管道操作过程

例 9.5 设计一个程序，要求创建一个管道，复制进程，父进程往管道中写入字符串，子进程从管道中读取之前的字符串。

源程序代码：

```c
#include"stdio.h"
#include"sys/types.h"
#include"signal.h"
#include"stdlib.h"
#include"unistd.h"
#include"string.h"
#include"sys/wait.h"
int main()
{
    pid_t result;
    int r_num;
    int pipe_fd[2];
    char buf_r[100];
    memset(buf_r,0,sizeof(buf_r));
    if(pipe(pipe_fd)<0)
    {
        printf("创建管道失败");
        return -1;
    }
     result=fork();
    if(result<0)
    {
        printf("创建子进程失败");
        exit;
    }
    else if(result==0)
    {
        close(pipe_fd[1]);
        if((r_num=read(pipe_fd[0],buf_r,100))>0)
            printf("子进程从管道读取%d 个字符，读取的字符串是：%s\n",r_num,buf_r);
        close(pipe_fd[0]);
        exit(0);
    }
     else
     {
        close(pipe_fd[0]);
```

```
if(write(pipe_fd[1],"第一串文字",10)!=-1)
    printf("父进程向管道写入"第一串文字"！\n");
if(write(pipe_fd[1],"第二串文字",10)!=-1)
    printf("父进程向管道写入"第二串文字"！\n");
close(pipe_fd[1]);
waitpid(result,NULL,0);
exit(0);
    }
}
```

例 9.5 程序设计流程如图 9.6 所示。

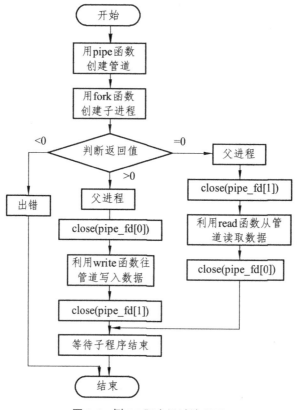

图 9.6　例 9.5 程序设计流程图

pipe 函数说明如表 9.10 所示。

表 9.10　pipe 函数

函数介绍	说明
所需头文件	#include<unistd.h>
函数功能	建立管道
函数原型	int pipe(int filedes[2]);

函数介绍	说明
函数传入值	将文件描述符同参数 filedes 数据返回：filedes[0]为管道读取端，filedes[1]为管道写入端
函数返回值	执行成功则返回 0,如果有错误则返回-1

9.2.2 高级管道操作

例 9.6 设计一个程序，要求用 popen 创建管道，实现"ls -l|grep 9-6"的功能。
程序设计流程图如图 9.7 所示。

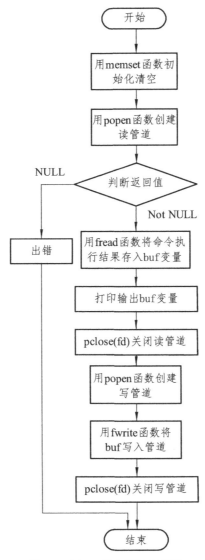

图 9.7 例 9.6 程序设计流程图

源程序代码：

```c
#include"stdio.h"
#include"sys/types.h"
#include"signal.h"
#include"stdlib.h"
#include"unistd.h"
#include"string.h"
#include"sys/wait.h"
int main()
{
    FILE *fp;
    int num;
    char buf[500];
    memset(buf,0,sizeof(buf));
    printf("建立管道。。。。 \n");
    fp=popen("ls -l","r");
    if(fp!=NULL)
    {
        num=fread(buf,sizeof(char),500,fp);
        if(num>0)
        {
            printf("第一个命令是“ls -l”,运行结果如下:\n");
            printf("%s\n",buf);
        }
        pclose(fp);
    }
    else
    {
        printf("创建管道错误\n");
        return 1;
    }
    fp=popen("grep 9-6","w");
    printf("第二个命令是“grep 9-6”,运行结果如下:\n");
    fwrite(buf,sizeof(char),500,fp);
    pclose(fp);
    return 0;
}
```

使用 popen 函数读写管道，实际上也是调用 pipe 函数建立一个管道，再调用 fork 函数建立子进程，接着会建立一个 Shell 环境，并在这个 Shell 环境中执行参数指定的进程。

popen 函数说明如表 9.11 所示。

表 9.11　popen 函数

函数介绍	说明
所需头文件	#include<stdio. h>
函数功能	建立管道 I/O
函数原型	FILE *popen(const char *command,const char *type);
函数传入值	调用 fork()产生子进程，然后从子进程中调用/bin/sh -c 来执行参数 command 的指令；参数 type："x"代表读取，"w"代表写入
函数返回值	若成功则返回文件指针,否则返回 NULL,错误原因存于 errno 中
备注	在编写具有 SUID/SGID 权限的程序时请尽量避免使用 popen(), popen()会继承环境变量，通过环境变量可能会造成系统安全的问题

9.2.3　命名管道

若用户要在两个不相关的进程之间用管道通信，需要用到命名管道 FIFO。

命名管道 FIFO 通过 Linux 系统中的文件进行通信，其创建一般用 mkfifo 函数实现，创建成功后，就使用 open、read、write 等函数传输数据。

例 9.7　设计两个程序，要求用命名管道 FIFO 实现简单的聊天功能。

源程序 fifo_read.c 代码如下:

```
/* fifo_read.c */
#include <sys/types.h>
#include <sys/stat.h>
#include <errno.h>
#include <fcntl.h>
#include <stdio.h>
#include <unistd.h>
#include <stdlib.h>
#include <limits.h>
#include <string.h>
#define MYFIFO "/tmp/myfifo" /*  命名管道文件名  */
#define  MAX_BUFFER_SIZE PIPE_BUF  /*  在  limits.h  中,定义 PIPE_BUF 为 4 096
字节*/

int main()
```

```c
{
    char buff[MAX_BUFFER_SIZE];
    int fd;
    int nread;/* 判断命名管道是否存在，若尚未创建，则以相应的权限创建 */
    if (access(MYFIFO, F_OK) == -1)
    {
        if ((mkfifo(MYFIFO, 0666) < 0) && (errno != EEXIST))
        {
            printf("Cannot create fifo file\n");
            exit(1);
        }
    }    /* 以只读阻塞方式打开有名管道 */
    fd = open(MYFIFO, O_RDONLY);
    if (fd == -1)
    {
        printf("Open fifo file error\n");
        exit(1);
    }
    while (1)
    {
        memset(buff, 0, sizeof(buff));
        if ((nread = read(fd, buff, MAX_BUFFER_SIZE)) > 0)
        {
            printf("%s\n", buff);
        }
    }
    close(fd);
    exit(0);
}
```

fifo_write.c 程序代码如下：

```c
/* fifo_write.c */
#include <sys/types.h>
#include <sys/stat.h>
#include <errno.h>
#include <unistd.h>
#include <fcntl.h>
```

```
#include <stdio.h>
#include <stdlib.h>
#include <limits.h>
#define MYFIFO "/tmp/myfifo" /* 有名管道文件名*/
#define MAX_BUFFER_SIZE PIPE_BUF /* 定义在 limits.h 中 */
int main(int argc, char * argv[]) /* 参数为即将写入的字符串 */
{
    int fd;
    char buff[MAX_BUFFER_SIZE];
    int nwrite;
    if(argc <= 1)
    {
        printf("Usage: ./fifo_write string\n");
        exit(1);
    }
    sscanf(argv[1], "%s", buff);/* 以只写阻塞方式打开 FIFO 管道 */
    fd = open(MYFIFO, O_WRONLY);
    if (fd == -1)
    {
        printf("Open fifo file error\n");
        exit(1);
    } /* 向管道中写入字符串 */
    if ((nwrite = write(fd, buff, MAX_BUFFER_SIZE)) > 0)
    {
        printf("%s\n", buff);
    }
    close(fd);
    exit(0);
}
```

例 9.7 程序设计流程图如图 9.8 所示。

access 函数说明如表 9.12 所示。

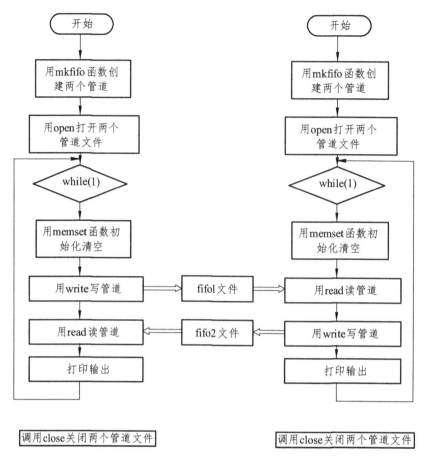

图 9.8　例 9.7 程序设计流程图

表 9.12　access 函数

函数介绍	说明
所需头文件	#include<unistd.h>
函数功能	判断有名管道是否已存在
函数原型	int access(const char* pathname, int mode)
函数传入值	Pathname：由文件的路径名+文件名组成； mode：指定 access 的作用，取值如下： F_OK 值为 0，判断文件是否存在； X_OK 值为 1，判断对文件是否可执行权限； W_Ok 值为 2，判断对文件是否有写权限； R_OK 值为 4，判断对文件是否有读权限； 注：后三种可以使用或（|）的方式，一起使用，如 W_OK|R_OK
函数返回值	成功 0，失败-1

mkfifo 函数说明如表 9.13 所示。

表 9.13 mkfifo 函数

函数介绍	说明
所需头文件	#include<sys/types. h> #include<sys/stat.h>
函数功能	建立命名管道
函数原型	int mkfifo(const char *pathname,ode_ mode)
函数传入值	依参数 pathname 建立特殊的 FIFO 文件，该文件必须不存在，而参数 ode_mode 为该文件的权限(mode~umask)，因此 umask 值也会影响到 FIFO 文件的权限；对 mkfifo()建立的 FIFO 文件，其他进程都可以用读写一般文件的方式存取
函数返回值	若成功则返回 0，否则返回-1，错误原因存于 errno 中

memeset 函数说明如表 9.14 所示。

表 9.14 memeset 函数

函数介绍	说明
所需头文件	#include<string.h>
函数功能	将一段内存空间填入某值
函数原型	void *memset(void *s,int c,size_tn)
函数传入值	将参数 s 所指的内存区域前 n 个字节以参数 c 填入，然后返回指向 s 的指针。参数 c 虽声明为 int，但必须是 unsigned char，所以范围在 0 到 255 之间
函数返回值	返回指向 s 的指针

9.2.4 双向管道通信设计

在 Linux 系统中，有时候需要多个进程之间相互协作，共同完成某项任务，进程之间或线程之间有时候需要传递信息，有时候需要同步以协调彼此工作。

下面用两个命名管道实现进程双向通信。

server 端：

```
#include <unistd.h>
#include <stdlib.h>
#include <stdio.h>
#include <fcntl.h>
#include <sys/types.h>
#include <sys/stat.h>
#include <limits.h>
#include <string.h>
#include <fcntl.h>
```

```
//初始化函数，用于非阻塞标准输入
int Init()
{
    if(-1 == fcntl(0,F_SETFL,O_NONBLOCK))
    {
        printf("fail to change the std mode.\n");
        return -1;
    }
}
int main()
{
    int pipe_fd1,pipe_fd2;
    int read_cou = 0,write_cou = 0;
    char read_buf[100];
    char write_buf[100];
    memset(read_buf,'\0',sizeof(read_buf));
    memset(write_buf,'\0',sizeof(write_buf));
    //判断管道是否存在，如果不存在就创建有名管道
    if(-1 == access("pipe1",F_OK))
    {
        if(-1 == mkfifo("pipe1",0777))
        {
            printf("Could not create pipe1\n");
            return -1;
        }
    }
    if(-1 == access("pipe2",F_OK))
    {
        if(-1 == mkfifo("pipe2",0777))
        {
            printf("Could not create pipe2\n");
            return -1;
        }
    }
    //先打开一个管道，此管道用于 server 读、client 写，非阻塞打开
    pipe_fd1 = open("pipe1",O_RDONLY | O_NONBLOCK);
    Init();
    //这个 while 循环用于检测是否有 client 提出访问请求（发来信息）
```

```
        while(1)
        {
            read_cou = read(pipe_fd1,read_buf,PIPE_BUF); //从管道中读取数据
            if(read_cou > 0)
            {
                printf("乙:%s\n",read_buf);
                pipe_fd2 = open("pipe2",O_WRONLY | O_NONBLOCK); //如果首次提
//出请求，则打开第二个管道用于 server 写，client 读
                memset(read_buf,'\0',sizeof(read_buf));
                break;
            }
        }
        //正式交流信息阶段
        while(1)
        {
            //读出过程
            read_cou = read(pipe_fd1,read_buf,PIPE_BUF);
            if(read_cou > 0)
            {
                printf("乙  :%s\n",read_buf);
                memset(read_buf,'\0',sizeof(read_buf));
            }
            //从标准输入中读取，如果有输入再写入管道
            if (fgets(write_buf, 1024, stdin) != NULL)
            {
                write_buf[strlen(write_buf) - 1] = '\0';
                printf("乙:%s\n",write_buf);
                write(pipe_fd2,write_buf,sizeof(write_buf));
                memset(write_buf,'\0',sizeof(write_buf));
            }
        }
        return 0;
}
client 端：
#include <unistd.h>
#include <stdlib.h>
#include <stdio.h>
#include <fcntl.h>
```

```c
#include <sys/types.h>
#include <sys/stat.h>
#include <limits.h>
#include <string.h>
#include <fcntl.h>
//初始化函数，用于非阻塞标准输入
int Init()
{
    if(-1 == fcntl(0,F_SETFL,O_NONBLOCK))
    {
        printf("fail to change the    std mode.\n");
        return -1;
    }
}
int main()
{
    int pipe_fd1,pipe_fd2,pipe_f3;
    int read_cou = 0,write_cou = 0;
    char read_buf[100];
    char write_buf_cpy[100];
    char write_buf[100];
    memset(read_buf,'\0',sizeof(read_buf));
    //判断管道是否存在，如果不存在就创建有名管道
    if(-1 == access("pipe1",F_OK))
    {
        if(-1 == mkfifo("pipe1",0777))
        {
            printf("Could not create pipe1\n");
            return -1;
        }
    }

    if(-1 == access("pipe2",F_OK))
    {
        if(-1 == mkfifo("pipe2",0777))
        {
            printf("Could not create pipe2\n");
            return -1;
```

```
        }
    }
//先打开一个读端，为下面 pipe_f1 写做准备
//到正式通信再关闭
pipe_f3 = open("pipe1",O_RDONLY | O_NONBLOCK);
//打开两个管道，其中 pipe1 用于 server 读，pipe2 用于 server 写（非阻塞打开）
if ( ( pipe_fd1 = open("pipe1",O_WRONLY | O_NONBLOCK) ) < 0)
{
perror("open");
}
pipe_fd2 = open("pipe2",O_RDONLY | O_NONBLOCK);
Init();
//此循环用于首先向 server 提出请求，使 server 打开第二个通信管道
while(1)
{
    //写入过程
    if (fgets(write_buf, 100, stdin) != NULL)
    {
        write_buf[strlen(write_buf) - 1] = '\0';
        printf("甲:%s\n",write_buf);
        if ( write(pipe_fd1,write_buf,sizeof(write_buf)) < 0)
        {
        perror("write");
        }
            //清理
        memset(write_buf,'\0',sizeof(write_buf));
        sleep(1);
        break;
        }
    }
    close(pipe_f3);    //关闭辅助 pipe_fd1 的 pipe_fd3
//和 server 正式通信
while(1)
{
    //读出过程
    read_cou = read(pipe_fd2,read_buf,PIPE_BUF);
    if(read_cou > 0)
    {
```

```
        printf("甲  :%s\n",read_buf);
        memset(read_buf,'\0',sizeof(read_buf));
    }
    //从标准输入中读取，如果有输入再写入管道
    if (fgets(write_buf, 100, stdin) != NULL)
    {
        write_buf[strlen(write_buf) - 1] = '\0';
        printf("甲:%s\n",write_buf);
        write(pipe_fd1,write_buf,sizeof(write_buf));
        //清理
        memset(write_buf,'\0',sizeof(write_buf));
    }
}
return 0;
}
```

fcntl 系统能调用可以用来对已打开的文件描述符进行各种控制操作以改变已打开文件的各种属性，如表 9.15 所示。

表 9.15　fcntl 系统调用文件描述符

命令名	描述
F_DUPFD	复制文件描述符
F_GETFD	获取文件描述符标志
F_SETFD	设置文件描述符标志
F_GETFL	获取文件状态标志
F_SETFL	设置文件状态标志 h00610
F_GETLK	获取文件锁
F_SETLK	设置文件锁
F_SETLKW	类似 F_SETLK,但等待返回
F_GETOWN	获取当前接收 SIGIO 和 SIGURG 信号的进程 ID 和进程组 ID
F_SETOWN	设置当前接收 SIGIO 和 SIGURG 信号的进程 ID 和进程组 ID

9.3　消息队列

消息队列，就是一个消息的链表，是一系列保存在内核中的消息的列表。

消息队列的优势：能对每个消息指定特定消息类型，接收的时候不需要按队列次序，而是可以根据自定义条件接收特定类型的消息。

可以把消息看作一个记录，其具有特定的格式以及特定的优先级。对消息队列有写权限的进程可以按照一定的规则添加新消息，对消息队列有读权限的进程则可以从消息

队列中读取消息。

消息队列的常用函数如表 9.16 所示。

表 9.16　消息队列的常用函数

函数	功能
fotk	由文件路径和工程 ID 生成标准 key
msgget	创建或打开消息队列
msgsnd	添加消息
msgrcv	读取消息
msgct1	控制消息队列

例 9.8　设计一个程序，要求创建消息队列，将输入的文字添加到消息队列后，读取队列中的消息并输出。

源程序代码：

```
struct msgmbuf          /*结构体,定义消息的结构*/
{
    long msg_type;          /*消息类型*/
    char msg_text [512];     /*消息内容*/
}
 int main()
{
    int qid;
    key_t key;
    int len;
    struct msgmbuf msg;
    if((key=ftok(".","a"))==-1)     /*调用 ftk 函数,产生标准的 key*/
    {
        perror("产生标准 key 出错");
        exit(1);
    }
    if((qid=msgget(key,IPC_CREAT|0666))==-1)/*调用 msgget 函数创建、打开消息
队列*/
    {
        perror("创建消息队列出错");
        exit(1);
    }
    printf("创建、打开的队列号是:%d\n",id);        /*打印输出队列号*/
    puts("请输入要加入队列的消息:");
```

```
        if((fgets((&msg)->msg_text,512,  stdin)==NULL)/*输入的消息存入变量  msg_
text*/
        {
            puts("没有消息");
           exit(1);
         }
        msg. msg_type=getpid();
        len=strlen(msg. msg_text);
        if((msgsnd(qid,&msg,len,0)<0        /*调用 msgsnd 函数,添加消息到消息队列*/
        {
           perror("添加消息出错");
           exit(1);
         }
        if(msgrcv(qid,&msg,512,0,0))<0        /*调用 msgrcv 函数,从消息队列读取消息*/
        {
           perror("读取消息出错");
            exit(1);
         }
        printf("读取的消息是:%s\n",(&msg)>msg_text);    /*打印输出消息内容*/
        if((msgctl(qid,IPC_RMID,NULL))<0
/*调用 msgct1 函数, 删除系统中的消息队列*/
        {
            perror("删除消息队列出错");
           exit(1);
         }
           exit (0);
     }
  }
```

程序结果:

创建、打开的队列号是: 0

请输入要加入队列的消息:

ABC

请取得消息是: ABC

例 9.8 程序设计流程如图 9.9 所示。

由此例可知, 进程间通过消息队列通信, 主要有创建或打开消息队列、添加消息、读取消息和控制消息队列这四种操作。

ftok 函数说明如表 9.17 所示。

msgget 函数说明如表 9.18 所示。

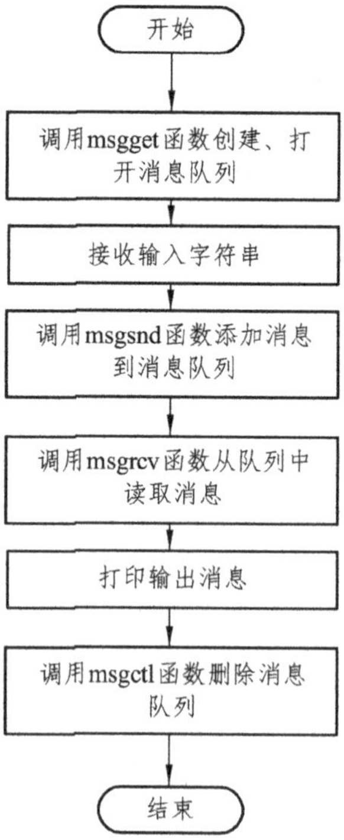

图 9.9 例 9.8 程序设计流程

msgsnd 函数说明如表 9.19 所示。

msgrcv 函数说明如表 9.20 所示。

表 9.17　ftok 函数

函数介绍	说明
所需头文件	#include<sys/types.h> #include< sys/ipc.h>
函数功能	由文件路径和工程 ID 生成标准 key
函数原型	key_t ftok(char*pathmame, char proj);
函数传入值	参数 pathname: 文件路径; 参数 proj: 工程 ID
函数返回值	若成功则返回 key_t 值, 否则返回-1, 错误原因存于 errno 中

表 9.18　msgget 函数

函数介绍	说明
所需头文件	#include<sys/types.h> #include<sys/ipc.h> #include< sys/msg. h>
函数功能	建立消息队列
函数原型	int msgget(key_t key, int msgflg);
函数传入值	参数 key 为 IPC_PRIVATE, 则建立新的消息队列; 参数 msgflg 用来决定消息队列的存取权限
函数返回值	执行成功则返回消息队列识别号, 否则返回-1, 错误原因存于 errno 中

表 9.19　msgsnd 函数

函数介绍	说明
所需头文件	#include< sys/types.h> #include< sys/ipc.h> #include sys/msg.h>
函数功能	将消息送入消息队列
函数原型	int msgsnd (int msqid, struct msgbuf *msgp,int msgsz,int msgflg);
函数传入值	参数 msgsz 为消息数据的长度;参数 msgtyp 是用来指定所要读取的消息种类:=0 返回队列内第一项消息,>0 返回队列内第一项 msgtyp 与 mtype 相同的消息,<0 返回队列内第一项 mtype 小于或等于 msgtyp 绝对值的消息
函数返回值	执行成功则返回 0, 否则返回-1, 错误原因存于 errno 中

表 9.20　msgrcv 函数

函数介绍	说明
所需头文件	#include sys/types.h> #include< sys/ipc.h> #include sys/msg. h>
函数功能	从消息队列读取信息
函数原型	int msgrcv (int msqid, struct msgbuf *msgp, int msgsz, long mtype,int msgflg);

函数传入值	msqid：消息队列的标识符；
	 msgp：消息缓冲区指针；
	 消息缓冲区结构为：
	 struct msgbuf {
	 long mtype;
	 char mtext[1];
	 };
	 Msgsz：消息数据的长度；
	 msgflg：用来指定所要读取的消息种类：=0 返回队列内第一项消息，>0 返回队列内第一项；
	 mtype：指定了函数从队列中所取的消息的类型，函数将从队列中搜索类型与之匹配的消息并将之返回

函数返回值	执行成功则返回实际读取的消息数据长度，否则返回-1，错误原因存于 errno 中

9.4　共享内存

共享内存允许两个或多个进程共享一段给定的存储区，因为数据不需要来回复制，所以该方式是最快的一种进程间通信机制。

共享内存原理如图 9.10 所示。

图 9.10　共享内存原理

共享内存可以通过 mmap（一个文件或者其他对象映射进内存）系统调用机制实现（特殊情况下还可以采用匿名映射），也可以通过系统 V 共享内存机制实现。其应用接口和原理很简单，但内部机制复杂。为了实现更安全的通信，共享内存往往还与信号灯等同步机制共同使用。

共享内存常用函数如表 9.21 所示。

表 9.21 共享内存常用函数

函 数	功 能
mmap	建立共享内存映射
munmap	解除共享内存映射
shmget	获取共享内存区域的 ID
shmat	建立共享内存映射
shmd	解除共享内存映射

9.4.1 mmap 系统调用

例 9.9 设计一个程序，要求复制进程，父子进程通过匿名映射实现共享内存。

源程序代码：

```
typedef struct        /*结构体, 定义一个 people 数据结构*/
{
    char name [4];
    int age;
}people;
main(int argc, char** argv)    /*程序的主函数,开始入口*/
{
    pid_ result;
    int i;
    people *p_map;
    char temp;
    p_map=(people*) mmap (NULL, sizeof (people)*10, PROT_READ|PROT_WRITE,
MAP_SHARED|MAP_ ANONYMOUS, -1,0);        /*调用 mmap 函数,匿名内存映射*/
    result=fork();   /*调用 fork 函数,复制进程,返回值存在变量 result 中*/
    if(result<0)     /*通过 result 的值来判断 fork 函数的返回情况,这里进行出错处理*/
    {
      perror("创建子进程失败");
      exit(0);
    }
    else if (result==0)   /*返回值为 0 代表子进程*/
    {
      sleep(2);
      for(i=0;i<5;i++)
      printf("子进程读取:第%d 个人的年龄是:%d\n",i+1,(*(p_mp+i)).age);
      (*p_map). age =110;
```

```
            munmap(p_map, sizeof(people)*10);/*解除内存映射关系*/
            exit(0);
        }
    else    /*返回值大于 0 代表父进程*/
        {
            temp ='a';
            for(i=0;i<5;i++)
            {
                temp+= 1;
                memcpy ((*(p_map+i)). name, &temp, 2);
                (*(p_map+i)). age=20+i;
            }
            sleep(5);
            printf("父进程读取:五个人的年龄和是:%dn",(*p_map).age);
            printf("解除内存映射……\n");
            munmap (p_map, sizeof (people)*10);
            printf("解除内存映射成功!\n");
        }
    }
```

使用特殊文件提供匿名内存映射，适用于具有亲缘关系的进程之间通信。一般而言，子进程单独维护从父进程继承下来的一些变量。而 mmap 函数的返回地址，由父子进程共同维护。

mmap 函数说明如表 9.22 所示。

表 9.22　mmap 函数

函数介绍	说明
所需头文件	#include <unistd. h> #include <sys/mman.h>
函数功能	建立内存映射
函数原型	void *mmap(void *start, size_t length,int prot,int flags,int fd,off_t offsize);
函数传入值	start：映射区的开始地址，设置为 0 时表示由系统决定映射区的起始地址。 length：映射区的长度。长度单位是以字节为单位，不足一内存页按一内存页处理。 prot：期望的内存保护标志，不能与文件的打开模式冲突。属于以下的某个值，可以通过 or 运算合理地组合在一起。 PROT_EXEC：页内容可以被执行。 PROT_READ：页内容可以被读取。

函数介绍	说明
函数传入值	PROT_WRITE：页可以被写入。 PROT_NONE：页不可访问。 flags：指定映射对象的类型，映射选项和映射页是否可以共享。它的值可以是一个或者多个以下位的组合体： MAP_FIXED：使用指定的映射起始地址，如果由 start 和 len 参数指定的内存区重叠于现存的映射空间，重叠部分将会被丢弃。如果指定的起始地址不可用，操作将会失败，并且起始地址必须落在页的边界上。 MAP_SHARED：与其他所有映射这个对象的进程共享映射空间。对共享区的写入，相当于输出到文件，直到 msync()或者 munmap()被调用，文件实际上不会被更新。 MAP_PRIVATE：建立一个写入时复制的私有映射。内存区域的写入不会影响到原文件。这个标志和以上标志是互斥的，只能使用其中一个。 MAP_DENYWRITE：这个标志被忽略。 MAP_EXECUTABLE：同上。 MAP_NORESERVE：不要为这个映射保留交换空间。当交换空间被保留，对映射区修改的可能会得到保证。当交换空间不被保留，同时内存不足，对映射区的修改会引起段违例信号。 MAP_LOCKED：锁定映射区的页面，从而防止页面被交换出内存。 MAP_GROWSDOWN：用于堆栈，告诉内核 VM 系统，映射区可以向下扩展。 MAP_ANONYMOUS：匿名映射，映射区不与任何文件关联。 MAP_ANON：MAP_ANONYMOUS 的别称，不再被使用。 MAP_FILE：兼容标志，被忽略。 MAP_32BIT：将映射区放在进程地址空间的低 2GB，MAP_FIXED 指定时会被忽略。当前这个标志只在 x86-64 平台上得到支持。 MAP_POPULATE：为文件映射通过预读的方式准备好页表，随后对映射区的访问不会被页违例阻塞。 MAP_NONBLOCK:仅和 MAP_POPULATE 一起使用时才有意义。不执行预读，只为已存在于内存中的页面建立页表入口。 fd：有效的文件描述词。一般是由 open()函数返回，其值也可以设置为-1，此时需要指定 flags 参数中的 MAP_ANON，表明进行的是匿名映射。 offset：被映射对象内容的起点
函数返回值	若映射成功则返回映射区的内存起始地址，否则返回 MAP_FAILED（-1），错误原因存于 errno 中

191

munmap 函数说明如表 9.23 所示。

表 9.23　munmap 函数

函数介绍	说明
所需头文件	#include <unistd. h> #include <sys/mman.h>
函数功能	解除内存映射
函数原型	int munmap(void*start,size_t length);
函数传入值	参数 length 则是欲取消的内存大小
函数返回值	如果解除映射成功则返回 0，否则返回-1，错误原因存在 errno 中，错误代码为 EINVAL
备注	当进程结束或利用 exec 相关函数来执行其他程序时，映射内存会自动解除，但关闭对应的文件描述词时不会解除映射

9.4.2　系统 V 共享内存

系统 V 共享内存指的是把所有共享数据放在共享内存区域（shared memory region, IPC），任何想要访问该数据的进程都必须在本进程的地址空间新增一块内存区域，用来映射存放共享数据的物理内存页面。

系统 V 共享内存是通过映射特殊文件系统 shm 中的文件实现进程间的共享内存通信。

例 9.10　设计两个程序，要求通过系统 V 共享内存通信，一个程序写入数据到系统 V 共享区域，另一个程序从系统 V 共享区域读取数据。

9-10write.c 程序代码：

```
typedef struct
{
    char name [4];
    int age;
} people;
 main(int argc, char** argv)
{
    int shm_id, i;
    key_t   key;
    char temp;
    people *p_map;
    char* name ="/dev/shm/myshm2";
    key=ftok(name, 0);   /*调用 ftok 函数,产生标准的 key*/
    shm_id=shmget(key,4096,IPC_CREAT);   /*调用 shmget 函数,获取共享内存区域
的 ID*/
```

```c
        if(shm_id==-1)
    {
            perror("获取共享内存区域的 ID 出错");
            return;
    }
        p_map=(people*) shmat(shm_id, NULL,0);
        temp='a';
        for(i=0;i<10;i++)
    {
        temp+=1;
        memcpy ((*(p_map+i)). name, &temp, 1);
        (*(p_map+i)). age=20+i;
    }
        if(shmdt(p_map)==-1)
        perror("解除映射出错");
}
```

9-10read.c 程序代码：

```c
typedef struct
{
        char name [4];
        int age;
} people;
 main(int argc, char** argv)
{
        int shm_id,i;
        key_t key;
        people *p_map;
        char* name="/dev/shm/myshm2";
        key=ftok(name,0);        /*调用 ftok 函数,产生标准的 key*/
    shm_id= shmget(key,4096,IPC_CREAT);   /*调用 shmget 函数,获取共享内存区域
的 ID*/
        if(shm_id ==-1)
    {
            perror("获取共享内存区域的 ID 出错");
            return;
    }
        p_map=(people*) shmat(shm_id, NULL,0);
        for(i=0;i<10;i++)
```

```
        {
            printf("姓名:%s\t",(*(p_map+i)).name);
            printf("年龄:%d\n",(*(p_map+i)).age);
        }
    if(shmdt (p_map) ==-1)
    perror("解除映射出错");
}
```

运行结果:从键盘输入消息,然后读出数据。

系统 V 共享内存中的数据,从来不写入到实际磁盘文件中去;而通过 mmap()映射普通文件实现的共享内存通信可以指定何时将数据写入磁盘文件中。

系统 V 共享内存是随内核持续的,即使所有访问共享内存的进程都已经正常终止,共享内存区仍然存在(除非显式删除共享内存),在内核重新引导之前,对该共享内存区域的任何改写操作都将一直保留。

通过调用 mmap()映射普通文件进行进程间通信时,一定要注意考虑进程何时终止对通信的影响。而通过系统 V 共享内存实现通信的进程则不需要。

shmget 函数说明如表 9.24 所示。

表 9.24   shmget 函数

函数介绍	说明
所需头文件	#include<sys/ipc.h> #include<sys/shm. h>
函数功能	获取共享内存区域的 ID
函数原型	int shmget(key_t key, int size,int shmflg);
函数传入值	key: 0(IPC_PRIVATE):会建立新共享内存对象。 大于 0 的 32 位整数:视参数 shmflg 来确定操作。 通常要求此值来源于 ftok 返回的 IPC 键值。 Size: 大于 0 的整数,新建的共享内存大小,以字节为单位。 Shmflg: 0: 取共享内存标识符,若不存在则函数会报错。 IPC_CREAT:当 shmflg&IPC_CREAT 为真时,如果内核中不存在键值与 key 相等的共享内存,则新建一个共享内存;如果存在这样的共享内存,返回此共享内存的标识符。 IPC_CREAT|IPC_EXCL:如果内核中不存在键值与 key 相等的共享内存,则新建一个共享内存;如果存在这样的共享内存则报错。
函数返回值	执行成功则返回共享内存识别号,否则返回-1,错误原因存于 errno 中

shmat 函数说明如表 9.25 所示。

表 9.25　shmat 函数

函数介绍	说明
所需头文件	#include<sys/ipc. h> #include<sys/shm. h>
函数功能	映射共享内存
函数原型	void *shmat(int shmid, const void*shmaddr, int shmflg);
函数传入值	参数 shmid 为欲连接的共享内存识别码。参数 shmaddr 为 0，内核自动选择一下地址；不为 0，若参数 shmflg 也无指定 SHM_ RND 旗标，则以参数 shmaddr 为链接地址；不为 0，参数 shmflg 也指定 SHM_ RND 旗标，则参数 shmaddr 会自动调整为 SHMLBA 的整数倍
函数返回值	执行成功则返回已连接好的地址，否则返回-1，错误原因存于 errno 中

shmdt 函数说明如表 9.26 所示。

表 9.26　shmdt 函数

函数介绍	说明
所需头文件	#include<sys/ipc. h> #include<sys/.shm.h>
函数功能	解除共享内存映射
函数原型	int shmdt(const void *shmaddr);
函数传入值	参数 shmaddr 为前面 shmat 函数返回的共享内存地址
函数返回值	执行成功则返回 0，否则返回-1，错误原因存于 errno 中
备注	shmget, shmctl, shmat

9.5　思考与实验

1. 设计一个程序，要求程序运行后进入一个无限循环，当用户按下中断键【Ctrl+Z】时，进入程序的自定义信号处理函数；当用户再次按下中断键【Ctrl+Z】后，结束程序运行。

2. 设计一个程序，要求程序主体运行时，即使用户按下的中断键【Ctrl+C】，也不能影响正在运行的程序，等程序主体运行完毕后才进入自定义信号处理函数。

3. 设计一个程序，要求创建一个管道，复制进程，父进程运行命令"ls -l"，把运行结果写入管道，子进程从管道中读取命令"ls -l"的结果，把读出的结果作为输入接着运行"grep 7-5"。

4. 设计两个程序，要求用命名管道 FIFO，实现简单的文本文件或图片文件的传输功能。

5. 设计两个程序，要求用消息队列实现聊天程序，每次发言后自动在后面增加当前系统时间；增加结束字符，比如最后输入"88"后结束进程。

6. 设计两个程序，要求用 mmap 系统实现简单的聊天程序。

第 10 章　网络程序设计

10.1　TCP/IP 概述

TCP/IP 协议叫作传输控制/网际协议，又叫作网络通信协议。

TCP/IP 是 20 世纪 70 年代中期由美国国防部为其 ARPANET 广域网开发的网络体系结构和协议标准，以它为基础组建的 Internet 是目前国际上规模最大的计算机网络，正因为 Internet 的广泛使用，使得 TCP/IP 成了事实上的协议标准。

TCP/IP 中的各种协议如表 10.1 所示。

表 10.1　各种协议

协议名称	说明
TCP(Transmission Control Protocol)	传输控制协议
IP(Internet Protocol)	网际协议
UDP(User Datagram Protocol)	用户数据报协议
ICMP(Internet Control Message Protocol)	互联网控制信息协议
SMTP(Simple Mail Transfer Protocol)	简单邮件传输协议
SNMP(Simple Network manage Protocol)	简单网络管理协议
FTP(File Transfer Protocol)	文件传输协议
ARP(Address Resolution Protocol)	地址解析协议

从协议分层模型方面来看，TCP/IP 由 4 个层次组成：网络接口层、网络层、传输层、应用层，每一层使用的协议如图 10.1 所示，作用如表 10.2 所示。

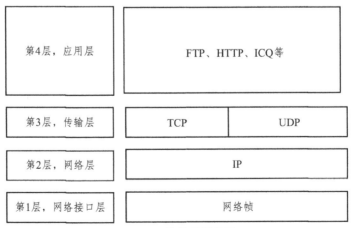

图 10.1　协议分层模型

表 10.2 协议分层作用

阶层	说明
应用层	包括网络应用程序和网络进程,是与用户交互的界面,它为用户提供所需要的各种服务,包括文件传输、远程登录和电子邮件等
传输层	负责相邻计算机之间的通信
网络层	用来处理计算机之间的通信问题,它接收传输层请求,传输某个具有目的地址信息的分组
网络接口层	这是 TCP/IP 协议的最低层,负责接收 IP 数据报和把数据包通过选定的网络发送出去

10.2 socket 编程

10.2.1 socket 简介

socket 是网络编程的一种接口,它是一种特殊的 I/O,用 socket 函数建立一个 socket 连接,此函数返回一个整型的 socket 描述符,随后进行数据传输。

通常,socket 分为 3 种类型:流式 socket、数据报 socket、原始 socket。

注意:一个完整的 socket 有一个本地唯一的 socket 号,由操作系统分配。最重要的是,socket 是面向客户/服务器模型而设计的。

10.2.2 socket 套接字

一个 IP 地址,一个通信端口,就能确定一个通信程序的位置。为此开发人员专门设计了一个套接字结构,就是把网络程序中所用到的网络地址和端口信息放在一个结构体中。

一般套接字地址结构都以 "sockaddr" 开头。socket 根据所使用的协议的不同可以分 TCP 套接字和 UDP 套接字,又称为流式套接字和数据套接字。

UDP 是一个无连接协议,TCP 是个可靠的端对端协议。传输 UDP 数据包时,Linux 不知道也不关心它们是否已经安全到达目的地,而传输 TCP 数据包时,则应先建立连接以保证传输的数据被正确接收。

10.2.3 socket 套接字的数据结构

socket 套接字有两个重要的数据类型:sockaddr 和 sockaddr_in,这两个结构类型都是用来保存 socket 信息的,如 IP 地址、通信端口等。

sockaddr_in 结构如下:

```
struct sockaddr_in
{
    short int sin_family;              /*地址族*/
```

```
    unsigned short int sin_port;        /*端口号*/
    struct in_addr sin_addr;            /*IP 地址*/
    unsigned char sin_zero[8];          /*填充 0 以保持与 struct sockaddr 同样大小*/
};
```
sockaddr 结构如下:
```
struct sockaddr
{
    unsigned short sa_family;
        /*sa_ family 一般为 AF_INET, 代表 Internet(TCP/IP)地址族*/
    char sa_data[14];
    /* sa_data 则包含该 socket 的 IP 地址和端口号*/
};
```

10.2.4 TCP 编程

基于 TCP 协议的编程，其最主要的特点是建立完连接后才能进行通信。
常用的基于 TCP 网络编程函数及功能如表 10.3 所示。

表 10.3 常用的基于 TCP 网络编程函数及功能

函数介绍	说明
函数名	功能
bind	将 socket 与本机上的一个端口绑定，随后就可以在该端口监听服务请求
connect	面向连接的客户程序使用 connect 函数来配置 socket 并与远端服务器建立一个 TCP 连接
listen	listen 函数使 socket 处于被动的监听模式，并为该 socket 建立一个输入数据队列，将到达的服务请求保存在此队列中，直到程序处理它们
accept	能让服务器接收客户的连接请求
close	停止在该 socket 上的任何数据操作
send	数据发送函数
recv	数据接收函数

例 10.1 服务器通过 socket 连接后，向客户端发送字符串"连接上了"，并在服务器上显示客户端的 IP 地址或域名。

程序中的主要语句说明:

1. 服务端

（1）建立 socket: socket(AF_INET, SOCK_STREAM, 0);

（2）绑定 bind：bind(sockfd,(struct sockaddr *)&my_addr,sizeof(struct sockaddr);

（3）建立监听 listen：listen(sockfd, BACKLOG);

（4）响应客户请求：accept(sockfd,(struct sockaddr *)&remote_addr, &sin_size);

（5）发送数据 send：send(client_fd, "连接上了 \n", 26, 0);

（6）关闭 close：close(client_fd);

创建套接字的函数是 socket，socket 函数说明如表 10.4 所示。

表 10.4　socket 函数

函数介绍	说明
所需头文件	#include <sys/types. h> #include <sys/socket. h>
函数功能	创建套接字
函数原型	int socket(int domain, int type, int protocol);
函数传入值	其中，type 参数指的是套接字类型，常用的类型有： SOCK_STREAM——TCP 流； SOCK_DGRAM——UDP 数据报； SOCK_RAW——原始套接字； protocol 一般设置为 0，也就是当确定套接字使用的协议簇和类型时，这个参数的值就为 0；但是有时候创建原始套接字时,并不知道要使用的协议簇和类型，也就是 domain 参数未知情况下，protocol 这个参数就起作用了,它可以确定协议的种类； domain 参数表示套接字要使用的协议簇，协议簇在"linux/ socket.h"里有详细定义，常用的协议簇有： AF_UNIX——本机通信； AF_INET——TCP/IP-IPv4； AF_INET6——TCP/IP -IPv6)
函数返回值	无

表 10.5　send 函数

所需头文件	#include <sys/types. h> #include <sys/socket.h>
函数功能	用来将数据由指定的 socket 传给对方主机,参数 s 为已建立好连接的 socket
函数原型	int send(int s, const void *msg, int len, unsigned int falgs);
函数传入值	参数 msg 指向欲连线的数据内容； 参数 len 则为数据长度； 参数 flags 一般设为 0，其他数值定义如下： MSG_OOB——传送的数据以 out-of-band 送出； MSG_DONTROUTE——取消路由表查询； MSG_DONTWAIT——设置为不可阻断运作； MSG_NOSIGNAL——此动作不愿被 SIGPIPE 信号中断
函数返回值	成功则返回实际传送出去的字符数，失败返回-1，错误原因存于 errno

2. 客户端

（1）建立 socket：socket(AF_INET, SOCK_STREAM, 0);

（2）请求连接 connect：connect(sockfd, (struct sockaddr *)&serv_addr, sizeof(struct sockaddr));

（3）接收数据 recv：recv(sockfd, buf, MAXDATASIZE, 0);

（4）关闭 close：close(sockfd)。

recv 函数说明如下：

函数原型：int recv(SOCKET s, char FAR *buf, int len, int flags);

函数功能：不论是客户端还是服务器端应用程序都用 rec 函数从 TCP 连接的另一端接收数据。

函数参数：

第 1 个参数指定接收端套接字描述符；

第 2 个参数指明一个缓冲区，该缓冲区用来存放 recv 函数接收到的数据；

第 3 个参数指明 buf 的长度；

第 4 个参数一般置 0。

例 10.1 程序设计流程如图 10.2 所示。

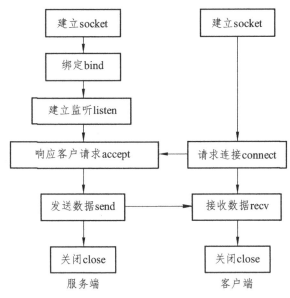

图 10.2　[例 10.1]程序设计流程图

服务端源程序代码：

```
int main()
{
 int sockfd, client_fd;        /*sock_fd:监听 socket; client_fd:数据传输 socket*/
 struct sockaddr_in    my_addr;           /*本机地址信息*/
 struct sockaddr_in remote_addr;          /*客户端地址信息*/
```

```
        int sin_size;
        if ((sockfd=socket(AF_INET, SOCK_STREAM, 0))==-1)
    {
        perror(" socket 创建失败!");
        exit(1);
    }
        my_addr. sin_family=AF_INET;
    my_addr.sin_port=htons(SERVPORT);          /*htons()把 16 位值从主机字节序转换成网
络字节序*/
    my_addr.sin_addr.saddr= INADDR_ANY;
        bzero(&(my_addr.sin_zero),8);       /*保持与 struct sockaddr 同样大小*/
        if (bind(sockfd, (struct sockaddr * &my_addr, sizeof(struct sockaddr)) ==-1)
    {
        perror("bind 出错!");
        exit(1);
    }
    if (listen(sockfd, BACKLOG) ==-1)
    {
        perror("listen 出错!");
        exit(1);
    }
        while(1)
    {
        sin_size= sizeof(struct sockaddr_in);
        if ((client_fd=accept(sockfd, (struct sockaddr *)&remote_addr, &sin_size))==-1)
        {
            perror("accept error");
            continue;
        }
        printf("收到一个连接来自:%s\n",int_ntoa(remote_addr.sin_addr));
        if(!fork())             /*子进程代码段*/
        {
            if(send(client_fd,"连接上了\n",26,0)==-1)
            perror("send 出错!");
            close(client_fd);
            exit(0);
        }
        close(client_fd);
```

```
}
}
```

客户端源程序代码：

```
int main(int argc,char*argv[])
{
 int sockfd, recvbytes;
 char buf [MAXDATASIZE];
 struct hostent *host;
 struct sockaddr_ in serv_addr;
 if (argc <2)
{
     fprintf(stderr, "Please enter the server's hostname! \n")
     exit(1);
}
 if( (host=gethostbyname (argv [1]))==NULL)
{
     herror("gethostbyname error!");
     exit(1);
}
if((sockfd= socket(AF_INET,SOCK_STREAM,0))==-1)
{
     perror("socket create error!");
     exit(1);
}
serv_addr.sin_ family=AF_INET;
serv_addr. sin_port=htons (SERVPORT);
serv_addr.sin_addr=*((struct in_addr*)host->h_addr);
bzero (&(serv_addr. sin _zero), 8);
if(connect(sockfd,(struct sockaddr*)&serv_addr, sizeof(struct sockaddr)) =-1)
{
     perror("connect error!");
     exit(1);
}
 if ((recvbytes=recv(sockfd, buf, MAXDATASIZE, 0))==-1)
{
     perror("connect 出错!");
     exit(1);
}
```

```
buf [recvbytes] ='\0';
printf("收到:%s",buf);
close(sockfd);
}
```
运行结果：

./c 127.0.0.1 ABC

send: ABC

recv: welcome

收到一个连接来自：127.0.0.1

recv: ABC

send: welcome

10.2.5　UDP 编程

基于 UDP 协议的编程，其最主要的特点是不需要用函数 bind 把本地 IP 地址与端口号进行绑定，也能进行通信。

常用的 UDP 网络编程函数及功能如表 10.6 所示。

表 10.6　常用的 UDP 网络编程函数及功能

函数名	功能
bind	将 socket 与本机上的一个端口绑定，随后就可以在该端口监听服务请求
close	停止在该 socket 上的任何数据操作
sendto	数据发送函数
recvfrom	数据接收函数

例 10.2　客户端将打开 liu 文件，读取文件中的 3 个字符串，传送给服务器端，当传送给服务端的字符串为"stop"时，终止数据传送并断开连接；服务器端接收客户端发送的字符串。

程序设计流程如图 10.3 所示。

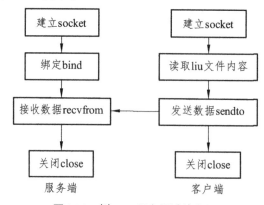

图 10.3　例 10.2 程序设计流程图

主要语句说明：

1. 服务端

（1）建立 socket：socket(AF_INET,SOCK_DGRAM,0)

（2）绑定 bind：bind(sockfd,(struct sockaddr *)&adr_inet,sizeof(adr_inet));

（3）接收数据 recvfrom：recvfrom(sockfd,buf,sizeof(buf),0,(struct sockaddr *)&adr_clnt, &len);

（4）关闭 close：close(sockfd);

2. 客户端

（1）建立 socket：socket(AF_INET, SOCK_STREAM, 0);

（2）读取 liu 文件：fopen("liu","r");

（3）发送数据 sendto：sendto(sockfd,buf,sizeof(buf),0,(struct sockaddr *)&adr_srvr,sizeof (adr_srvr));

（4）关闭 close：close(sockfd);

服务端源程序代码：

```
int main()
{
    int sockfd;
    int len;
    int z;
    char buf [256];
    struct sockaddr_in adr_inet;
    struct sockaddr_in adr_clnt;
    printf("等待客户端……/n");
/*建立 IP 地址*/
    adr_inet. sin_family=AF_INET;
adr_inet.sin_port=htons(port);
    adr_inet. sin_addr. s_addr =htonl(INADDR_ANY);
    bzero(&(adr_inet. sin_zero), 8);
    len=sizeof(adr_clnt);
/*建立 socket*/
    sockfd=socket(AF_INET, SOCK _DGRAM,0);
    if(sockfd==-1)
    {
        perror("socket 出错");
        exit(1);
    }
```

```c
/*绑定 socket*/
z=bind(sockfd,(struct sockaddr*)&adr_inet, sizeof(adr_inet));
if(z==-1)
{
    perror("bind 出错");
    exit(1);
}
 while(1)        /*接受传来的信息*/
{
    z=recvfrom(sockfd,buf, sizeof(buf),0,(struct sockaddr*)&adr_clnt,&len);
    if(z<0)
    {
        perror("recvfrom 出错");
        exit(1);
    }
     buf [z]=0;
     printf("接收:%s",buf);         /*收到 stop 字符串,终止连接*/
     if (strncmp(buf, "stop", 4)==0)
     {
         printf("结束.n");
         break;
     }
}
 close(sockfd);
 exit(0);
}
服务端源程序代码:
int main()
{
 int sockfd;
 int i=0;
 int z;
 char buf [80], str1 [80];
 struct sockaddr_in adr_srvr;
 FILE *fp;
 printf("打开文件.n");          /*只读的方式打开 liu 文件*/
 fp= fopen("liu","r");
 if(fp==NULL)
```

```
{
    perror("打开文件失败");
    exit(1);
}
printf("连接服务端……\n");
*建立 IP 地址*
adr_srvr. sin_family=AF_INET;
adr_srr.sin_port=htons(port);
adr_srvr. sin_addr. s_addr=htonl(INADDR_ANY);
bzero(&(adr_srvr. sin_zero), 8);
sockfd=socket(AF_INET, SOCK_DGRAM,0);
if(sockfd==-1)
{
    perror("socket 出错");
    exit(1);
}
printf("发送文件……\n");
/*读取三行数据, 传给 udpserver*/
for(i=0;i<3;i++)
    {
        fgets(str1, 80, fp);
        printf ("%d: %s", i, str1);
        sprintf (buf, "%d: %s", i, str1);
        z=sendto(sockfd, buf, sizeof (buf), 0, (struct sockaddr * )&adr_srvr, sizeof
(adr_srvr));
        if(z<0)
        {
            perror("recvfrom 出错");
            exit(1);
        }
    }
    printf("发送…...\n");
    sprintf(buf,"stop\n");
    z=sendto(sockfd, buf, sizeof (buf), 0, (struct sockaddr *)&adr_srvr, sizeof (adr_srvr));
    if(z<0)
    {
        perror("sendto 出错");
        exit(1);
```

```
    }
    fclose(fp);
    close(sockfd);
    exit(0);
}
```

10.3 网络高级编程

在 socket 应用中，有一个很重要的功能，那就是如何处理阻塞来解决 I/O 多路利用问题。

在数据通信中，当服务器运行函数 accept() 时，假设没有客户机连接请求到来，那么服务器就一直会停止在 accept()语句上，等待客户机连接请求到来，出现这样的情况就称为阻塞。

例 10.3 设计一个程序，在 10.5 s 内判断有没有人按回车键，有则返回"输入了"，否则返回"超时"。

源程序代码：

```
#include <sys/time. h>
 #include <sys/types. h>
 #include <unistd. h>
define STDIN 0              /*标准输入设备的描述字为 0*/
 int main()
{
    struct timeval tv;
    fd_set readfds;
    t. tv_sec=10;
    t.tv_usec=500000;          /*tv_use 设置成需要等待的微秒数 1 s=100 000 μs*/
    FD_ZERO (&readfds);
    FD_SET(STDIN, &readfds);
    /*don't care about writefds and exceptfds: */
    select(STDIN+1, &readfds, NULL, NULL, &tv);
    if (FD_ISSET(STDIN, &readfds))
        printf("输入了\n");
    else
        printf("超时\n");
}
```

程序通过 select 函数在指定的时间内唤醒或结束进程，是处理阻塞的一种好方法。

例 10.4 编写一个网络聊天程序。

程序设计流程图如图 10.4 所示。

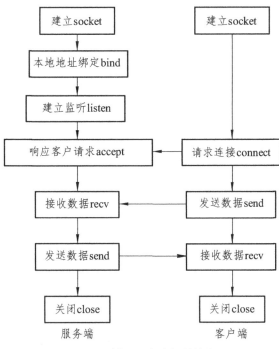

图 10.4　　例 10.4 程序设计流程图

服务端源程序代码：

```
int main(void)
{
 FILE *fp;          /*定义文件类型指针 fp*/
 int sockfd, client_fd;  /*监听 socket.sock_fd,数据传输  socket.new_fd*/
 int sin_size;
 struct sockaddr_inmyaddr, remote_addr;    /*本机地址信息客户地址信息*/
 char buf[256];       /*用于聊天的缓冲区*/
 char buff[256];        /*用于输入用户名的缓冲区*/
 char send_str[256];     /*最多发出的字符不能超过 256 个*/
 int recvbytes;
fd_set rfd_set,wfd_set,efd_set;    /*被 select 监视的读写异常处理的文件描述符集合*/
 struct timeval timeout;     /*本次 select 的超时结束时间*/
 int ret;        /*与 client 连接的结果*/
if((sockfd= socket(AF_INET,sock_STREAM,0))==-1)      /*错误检测*/
{
    perror("socket");
    exit(1);
}
```

```
/*端填充 sockaddr 结构*/
  bzero(&my_addr, sizeof(struct sockaddr_in));
my_addr.sin_ family=AF_INET;        /*地址族*/
my_addr. sin port=htons(SERVPORT);    /*端口号为 4444*/
inet_aton("127.0.0.1",&my_addr.sin_addr);
if (bind(sockfd, (struct sockaddr *)&my_addr, sizeof(struct sockaddr)) ==-1)      /*错误
    检测*/
{
    perror("bind");
    exit(1);
}
if(listen(sockfd,BACKLOG)==-1)        /*错误检测*/
{
    perror("listen");
    exit(1);
}
sin_size= sizeof(struct sockaddr_in);
if ((client_fd= accept(sockfd, (struct sockaddr * )&remote_addr, &sin_size))==-1) /*错误
检测*/
{
    perror("accept");
    exit(1);
}
  fcntl(client_fd, F_SEIFD, O_HORBLOCK);         /*服务器设为非阻塞*/
  recvbytes=recv(client_fd, buff, MAXDATASIZE, 0); /*接收从客户端传来的用户名*/
  buff [recvbytes] ='\0';
  fflush(stdout);
/*强制 stdout 内容输出并清空 stdout*/
if((fp=fopen("name.txt","a+"))==NULL)
{
    printf("can not open file, exit... \n");
    return -1;
}
  fprintf(fp, " %s\n", buff);          /*将用户名写入 name.txt 中*/
  while (1)
{
    FD_ZERO(&rfd_set);          /*将 select()监视的读的文件描述符集合清除*/
    FD_ZERO(&wfd_set);            /*将 select()监视的写的文件描述符集合清除*/
```

```
    FD_ZE(&efd_set);                    /*将 select()监视的异常的文件描述符集合清除*/
    FD_SET(STDIN, &rfd_set);
    /*将标准输入文件描述符加到 seletct()监视的读的文件描述符集合中*/
    FD_SET(client_fd, &rfd_set);
    /*将新建的描述符加到 seletct()监视的读的文件描述符集合中*/
    FD_SET(client_fd, &wfd_set);
    /*将新建的描述符加到 seletct()监视的写的文件描述符集合中*/
    FD_SET(client_fd,&efd_set);
    /*将新建的描述符加到 seletct()监视的异常的文件描述符集合中*/
    timeout.tv_sec=10;              /*select 在被监视窗口等待的秒数*/
    timeout. tv_usec=0;             /*select 在被监视窗口等待的微秒数*/
    Ret=select(client_fd +1, &rfd_set,&wfd_set, &efd_set, &timeout);
    if (ret== 0)
    {
        continue;
    }
    if (ret <0)
    {
        perror("select error:");
        exit(-1);
    }
    /*判断是否已将标准输入文件描述符加入 seletct()监视的读的文件描述符集合中*/
    if(FD_ISSET(STDIN, &rfd_set))
    {
        fgets(send_str,256, stdin);         /*获取键盘输入的内容*/
        send_str [strlen(send_str)-1] ='\0';
        if(strncmp("quit",send_str,4)==0)       /*退出程序*/
        {
            close(client_fd);
            close(sockfd);/*关闭套接字*/
            exit(0);
        }
        send(client_fd, send_st, strlen(send_str), 0);
    }
}
/*判断是否已将新建的描述符加入 seletct()监视的读的文件描述符集合中*/
if(FD_ISSET(client_fd,&rfd_set))
{
    recvbytes=recv(client_fd,buf, MAXDATASIZE,0);   /*从客户端传来的聊天内容*/
```

```
            if (recvbytes ==0)
            {
                close(client_fd);
                close(sockfd);          /*闭套接字*/
                exit(0);
            }
             buf [recvbytes] ='\0';
             printf("%s: %s\n", buff, buf);
             printf("Server:");
             fflush(stdout);
    }
    /*判断是否已将新建的描述符加入 seletct()监视的异常的文件描述符集合中*/
     if (FD_ISSET(client_fd, &efd_set))
    {
        close(client_fd);/*关闭套接字*/
        exit(0);
    }
    }
    }

客户端源程序代码:
int main(void)
{
        int sockfd;                        /*套接字描述符*/
        int recvbytes;
        char buf [MAXDATASIZE];        /*用于处理输入的缓冲区*/
        char *str;
        char name[MAXDATASIZE]        /*定义用户名*/
        char send_st[MAXDATASIZE];    /*最多发出的字符不能超过 MAXDATASIZE*/
     struct sockaddr_in serv_addr;      /*Internet 套接字地址结构*/
    fd_ set rfd_set,wfd_set,efd_set;    /*被 select()监视的读、写、异常处理的文件描述符
集合*/
    struct timeval timeout;    /*本次 select 的超时结束时间*/
     int ret;                /*与 server 连接的结果*/
    if((sockfd= socket(AF_INET,SOCK_ STREAM,0)==-1)         /*错误检测*
     {
        perror("socket");
         exit(1);
     }
```

```c
/*填充 sockaddr 结构*/
  bzero(&serv_addr, sizeof (struct sockaddr_in));
  serv_addr.sin_ family=AF_INET;
serv_addr.sin_port=htons(SERVPORT);
  inet_aton("127.0.0.1",&serv_addr. sin_addr);
/*serv_addr.sin_addr.s_addr=inetaddr(192.168.0.101");*/
if(connect(sockfd,(struct sockaddr*)&erv_addr, sizeof(struct sockaddr))==-1) /错误检测*
{
    perror("connect");
      exit(1);
}
  fcntl(sockfd, F_SETFD, O_NONBLOCK);
  printf("要聊天首先输入你的名字:");
  scanf("%s",name);
name[strlen(name)]= '\0';
  printf("%s:",name);
  fflush(stdout);
  send(sockfd, name, strlen(name), 0);/*发送用户名到 sockfd*/
  while (1)
{
    FD_ZERO(&rfd_set);   /*将 select()监视的读的文件描述符集合清除*/
    FD_ZERO(&wfd_set);   /*将 select()监视的写的文件描述符集合清除*/
    FD_ZERO(&efd_set);   /*将 select()监视的异常的文件描述符集合清除*/
     FD_SET(STDIN, &rfd_set);

    /*将标准输入文件描述符加入 seletct()监视的读的文件描述符集合中*/
     FD_SET(sockfd, &rfd_set);
    /*将新建的描述符加入 seletct()监视的读的文件描述符集合中*/
     FD_SET(sockfd, &efd_set);
    /*将新建的描述符加到 seletct()监视的异常的文件描述符集合中*/
    timcout.tv_scc=10;           /*sclcct 在被监视窗口等待的秒数*/
    timeout.tv_usec=0;           /*select 在被监视窗口等待的微秒数*/
    ret= select(sockfd+1,&rfd_set,&wfd_set,&efd_set,&timeout);
  if (ret ==0)
{
    continue;
}
    if (ret <0)
```

```
    {
        perror("select error:");
        exit(-1);
    }
/*判断是否已将标准输入文件描述符加到 seletct()监视的读的文件描述符集合中*/
if(FD_ ISSET(STDIN,&rfd_set))
  fgets(send_str,256, stdin);
send_str[strlen(send_str)-1]= '\0';
if(strncmp("quit",send_str,4)==0)                /*退出程序*/
{
    close(sockfd);
    exit(0);
}
send(sockfd,send_str, strlen(send_str),0);

}
/*判断是否已将新建的描述符加入 seletct()监视的读的文件描述符集合中*/
  if (FD_ISSET(sockfd, &rfd_set))
{
    recvbytes=recv(sockfd, buf, MAXDATASIZE, 0);
    if (recvbytes == 0)
    {
        close(sockfd);
        exit(0);
    }
    buf [recvbytes] ='\0';
    printf("Server: %s\n", buf);
    printf ("%s: ",name);
    fflush(stdout);
}
/*判断是否已将新建的描述符加入 seletct()监视的异常的文件描述符集合中*/
  if (FD_ISSET(sockfd, &efd_set))
{
    close(sockfd);
    exit(0);
}
}
}
```

10.4　思考与实验

1. 在 Linux 系统下编写一个 socket 程序，要求服务端等待客户的连接请求，一旦有客户连接，服务器端打印出客户端的 IP 地址和端口，并且向服务器端发送欢迎信息和时间。

2. 编写一个基于 TCP 协议的网络通信程序，要求服务器通过 socket 连接后，要求输入用户，判断为 liu 时，才向客户端发送字符串 "Hello, you are connected!"，并在服务器上显示客户端的 IP 地址或域名。

3. 编写一段以客户机/服务器模式工作的程序，要求在客户端读取系统文件 /etc/passwd 内容，传送到服务端，服务器端接收字符串，并在显示器显示出来。

第 11 章　Linux 的图形编程

11.1　Linux 的图形编程简介

在 Linux 图形编程中，基于控制台的图形库主要有：

1. SVGALib

SVGALib 是 Linux 下的底层图形库，也是 Linux 系统中最早出现的非 X 图形支持库，它支持标准的 VGA 图形模式和一些其他的模式，SVGALib 的缺点是程序必须以 root 权限登录，并且它是基于图形卡的，所以不是所有的硬件都支持它。

自从 framebuffer 这个孪生姐妹诞生后，许多软件由只支持 SVGALib 变为同时支持两者，甚至一些流行的高层函数库（如 QT 和 GTK）只支持 Framebuffer，作为一个老的图形支持库，SVGALib 目前的应用范围越来越小，尤其是在 Linux 内核增加了 FrameBuffer 驱动支持之后。

2. FrameBuffer

FrameBuffer 是出现在 Linux 2.2.xx 内核当中的一种驱动程序接口。这种接口将显示设备抽象为帧缓冲区。用户可以将它看成是显示内存的一个映像，将其映射到进程地址空间之后，就可以直接对显存进行读写操作，而写操作可以立即反映在屏幕上。该驱动程序的设备文件一般是/dev/fb0、/dev/fb1 等。

在应用程序中，一般通过将 FrameBuffer 设备映射到进程地址空间的方式来使用。FrameBuffer 设备还提供了若干 ioctl 命令，通过这些命令，可以获得显示设备的一些固定信息（比如显示内存大小），与显示模式相关的可变信息（比如分辨率、像素结构、每扫描线的字节宽度），以及伪彩色模式下的调色板信息等。

FrameBuffer 实际上只是一个提供显示内存和显示芯片寄存器从物理内存映射到进程地址空间中的设备。所以，对于应用程序而言，如果希望在 FrameBuf 之上进行图形编程，还需要完成其他许多工作。FrameBuffer 就像一张画布，用什么样子的画笔，如何画画，还需要用户自己动手完成。

3. LibGGI

LibGGI 试图建立一个一般性的图形接口，而这个抽象接口连同相关的输入（鼠标、键盘、游戏杆等）抽象接口一起，可以方便地运行在 X Window、SVGALib、FrameBuffer 等之上。建立在 LibGGI 之上的应用程序，不需重新编译，就可以在上述这些底层图形接口上运行。但不知何故，LibGGI 的发展几乎停滞。

4. SDL

SDL（Simple DirectMedia Layer）是一个跨平台的多媒体游戏支持库，其中包含了对图形、声音、游戏杆、线程等的支持，目前可以运行在许多平台上，包括 X Window、X Window with DGA、Linux FrameBuffer 控制台、Linux SVGALib，以及 Windows DirectX、BeOS 等。

因为 SDL 是专门为游戏和多媒体应用而设计开发的，所以它对图形的支持非常优秀，尤其是高级图形能力，比如 Alpha 混和、透明处理、YUV 覆盖、Gamma 校正等。而且在 SDL 环境中能够非常方便地加载支持 OpenGL 的 Mesa 库，从而提供对二维和三维图形的支持。

可以说，SDL 是编写跨平台游戏和多媒体应用的最佳平台，也的确得到了广泛应用。相关信息，可参阅 http://www.libsdl.org/。

5. Allegro

Allegro 是一个专门为 x86 平台设计的游戏图形库。最初的 Allegro 运行在 DOS 环境下，而目前可运行在 Linux FrameBuffer 控制台、Linux SVGALib、X Window 等系统上。Allegro 提供了一些丰富的图形功能，包括矩形填充和样条曲线生成等，而且具有较好的三维图形显示能力。由于 Allegro 的许多关键代码是采用汇编编写的，所以该函数库具有运行速度快、资源占用少的特点。然而，Allegro 也存在如下缺点：

（1）对线程的支持较差。Allegro 的许多函数是非线程安全的，不能同时在两个以上的线程中使用。

（2）对硬件加速能力的支持不足，在设计上没有为硬件加速提供接口。

有关 Allegro 的进一步信息，可参阅 http://www.allegro.cc/。

11.2 安装和使用 SDL 图形开发库

系统安装时一般都已经默认安装了 SDL 库，SDL 的基本库与附加库的库名与含义如表 11.1 所示。

表 11.1 SDL 的基本库与附加库的库名与含义

库名	含义
SDL	基本库
SDL_image	图像支持库
SDL_mixer	混音支持库
SDL_ttf	TrueType 字体支持库
SDL_net	网络支持库
SDL_draw	基本绘图函数库

使用 SDL 库需要包含头文件：#include "SDL.h"。

编译命令为：gcc –I/usr/include/SDL –lSDL 源程序名 –o 目标文件名 –lpthread。

如果程序中使用了图像库和混音库，在编译的时候还需要加上相应的编译参数，分别是-lSDL_image 和-lSDL_mixer。

11.3　初始化图形模式

初始化图形模式中常用函数及功能如表 11.2 所示。

表 11.2　初始化图形模式中常用函数及功能

函数名	功能
SDL_Init	加载和初始化 SDL 库
SDL_SetVideoMode	设置屏幕的视频模式
SDL_Quit	退出图形模式
SDL_MapRGB	用像素格式绘制一个 RGB 颜色值
SDL_FillRect	填充矩形区域
SDL_UpdateRect	更新指定的区域
SDL_Delay	延迟一个指定的时间

要加载和初始化 SDL 库需要调用 SDL_Init()函数，该函数以一个参数来传递要激活的子系统的标记。

SDL_Init()函数说明如表 11.3 所示。

表 11.3　SDL_Init()函数

函数介绍	说明
所需头文件	#include<SDL. h>
函数功能	加载和初始化 SDL 库
函数原型	int SDL_init(uint32 flags)
函数传入值	flags 参数表示需要初始化的子系统对象
函数返回值	返回值为 0 时，表示初始化成功，为-1，表示时失败

flags 参数取值所对应的子系统对象如表 11.4 所示。

表 11.4　flags 参数取值所对应的子系统对象

flags 参数取值	子系统对象名
SDL_INIT_TIMER	初始化计时器子系统
SDL_INIT_AUDIO	初始化音频子系统
SDL_INIT_VIDEO	初始化视频子系统
SDL_INIT_CDROM	初始化光驱子系统
SDL_INIT_JOYSTICK	初始化游戏杆子系统
SDL_INIT_EVERYTHING	初始化全部子系统

例 11.1　初始化视频子系统，设置显示模式分辨为 640×480；设置初始颜色并对颜色值进行改变，使程序执行过程中背景色渐变。编写程序 11-1.c，放在/home/cx/下。

程序设计流程如图 11.1 所示。

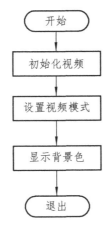

图 11.1　例 11.1 程序设计流程图

源程序代码：

```
#include<SDL.h>
/*使用 SDL 库,加载该库的头文件*/
 #include<stdlib.h>
 int main()
{
    SDL_Surface *screen;              /*屏幕指针*/
    Uint32 color;                     /*定义一个颜色值*/
    int x;
    if(SDL_Init(SDL_INIT_VIDEO)<0)         /*初始化视频子系统失败*/
    {
        fprintf(stderr,"无法初始化 SDL:%s\n",SDL_GetError());
        exit(1);
    }
     screen=SDL_SetvideoMode(640,480,16,SDL_SWSURFACE);/*设置视频模式*/
    if(screen==NULL)
    {
       fprintf(stderr,"无法设置 640480x16 位色的视频模式: %s", SDL_GetError());
       exit(1);
    }
     atexit(SDL_Quit);        /*退出*/
     for(x=0;x<=255;x+=1)     /*用循环来实现背景色渐变*
     {
```

color=SDL_MapRGB(screen->format,255,255,x);/*SDLMapRGB 函数用来设置颜色*/

    SDL_FillRect(screen, NULL, color);   /*填充整个屏幕*/

    SDL_ UpdateRect(screen,0,0,0,0); /*更新整个屏幕*/

  }

  SDL_Delay(6000); /*停留 6 s 的时间*/

  return 0;

}

11.4 基本绘图函数的应用

  主要应用 SDL_draw 函数库绘制点、线、圆等基本图形，这里库中常用的基本绘图函数及功能如表 11.5 所示。

表 11.5 常用的基本绘图函数及功能

函数名	功能
Draw_Pixel	画一个点
Draw_Line	绘制直线
Draw_Circle	绘制圆
Draw_Rect	绘制矩形
Draw_Ellipse	绘制椭圆
Draw_hline	绘制水平直线
Draw_VlLine	绘制垂直直线
Draw_round	绘制圆角矩形

  例 11.2 使用 SDL_draw 库设计一个程序，初始化视频子系统，设置显示模式为640×480,表面的色深为 16 位。用 Draw_Line 函数画两条交叉的直线，一条直线起始点的坐标为（240，180）；终止点的坐标为（400，300）；另一条直线起始点的坐标为（400，180），终止点的坐标为（240，300）。再用 Draw_Pixel 函数绘制一条正弦曲线。程序文件取名为 11-2.c，存放在/home/cx/SDL_draw-1.2.11 下。

  编辑源程序代码：

  [root@localhost SDL_draw-1.2.11]#gedit 11-2.c

  #include <SDL.h>

   #include <stdlib.h>

   #include <string.h>

  #include <math.h>

```c
#include <SDL_draw.h>          /*包含 SDL_draw 库的头文件*/
 int main()
{
    int i;
    double y;
    SDL_Surface *screen;        /*屏幕指针*/
    if (SDL_Init( SDL_INIT_VIDE0)<0)          /*初始化视频子系统失败*/
    {
        fprintf(stderr,"无法初始化:%s\n",SDL_GetError());
        exit(1);
    }
    /*设置视频模式*/
    screen =SDL_SetvideoMode(640, 480, 16, SDL_SWSURFACE);
    if( screen==null)
    {
        fprintf(stderr,"无法设置 640x48016 位色的视频模式:%s\n",SDL_GetError());
        exit(1);
    }
    atexit(SDL_Quit); /*退出*/
    /*画直线,从点(240,180)到点(40,300),颜色为白色*/
    Draw_Line(screen,240,180,400,300,SDL_MapRGB(screen->format,255,255,255));
    /*画直线,从点(400,180)到点(20,300),颜色为红色*/
    Draw_Line(screen,400,180,240,300,SDL_MapRGB(screen->format,255,0,0));
    for(i=;i<=640;i+=2)
    {
        y=240-120*sin(3.14*i/180);
        Draw_Pixel (screen, i, y, SDL_ MapRGB (screen-format, 0, 255,0));
    }
    SDL_UpdateRect(screen, 0, 0, 0, 0); /*更新整个屏幕*/
    SDL_Delay(5000);        /*停留 5 s*/
    return 0;
}
```

程序的编译过程与一般的 SDL 程序有所不同，分为三步：

\#export CFLAGS="\`sdl-config --cflags\` -I./include"

\#export LIBS="\`sdl-config -libs\` ./src/.libs/libSDL_draw.a"

\#gcc -o 11-2 11-2.c -Wall $CFLAGS $LIBS

Draw_Line 函数说明如表 11.6 所示。

表 11.6　Draw_Line 函数

函数介绍	说明
所需头文件	#include "SDl_draw. h"
函数功能	绘制直线
函数原型	void Draw _Line (SDL_Surface *super, Sint16 x1, Sint16 yl, Sint16 x2, Sint16 y2, Uint32 color):
函数传入值	super 为所要绘制的平面；(x1,y1)和(x2,y2)为直线的起点和终点；color 为表面的色深(就是 8 位,16 位,24 位,32 位)
函数返回值	无

Draw_Pixel 函数说明如表 11.7 所示。

表 11.7　Draw_Pixel 函数

函数介绍	说明
所需头文件	#include "SDL_draw.h"
函数功能	绘制一个像素
函数原型	void Draw_Pixel(SDL_Surface *super Sint16 x, Sint16 y, Uint32 color);
函数传入值	super 为所要绘制的平面；(x,y)为所绘制像素的点；color 为画像素的颜色
函数返回值	无

例 11.3　使用 SDL_draw 库设计一个程序,初始化视频子系统,设置显示模式为 640*480,表面的色深为 16 位。画 5 个黄色的同心圆,圆心坐标为（320，240）,最小的圆半径为 5,其他圆的半径以 15 的大小递增。程序文件取名为 11-3.c,存放在/home/cx/SDL_draw-1.2.11 下。

编辑源程序代码：

```
#include <SDL.h>
 #include <stdlib.h>
 #include <string.h>
#include" SDL draw.h"      /*把 SDL_draw 库的头文件包含进来*/
 int main()
{
    SDL_Surface *screen;    /*屏幕指针*/
    int r;
    if(SDL_Init(SDL_INIT_VIDEO)<0)        /*初始化视频子系统*/
    {
      fprintf(stderr,"无法初始化 SDL:%s\n",SDL_GetError());
      exit(1);
    }
```

```
       /*设置视频模式*
          screen= SDL_SetVideoMode(640, 480, 16, SDL_SWSURFACE);
       if( screen==null)
       {
             fprintf(stderr,"无法设置 640x480x16 位色的视频模式:%s\n", SDL_GetError());
             exit(1);
       }
        atexit(sdl_uit);/*退出*/
       /*画圆,点(320,240)为圆心,半径分别是 5、50、35、20、5 的 5 个同心圆,颜色为
黄色*/
          for(x=5;r<=65;x+=15)
          {
             Draw_Circle(screen, 320, 240, r, SDL_MapRGB (screen->format, 255, 255,0)) ;
          }
          SDL_UpdateRect(screen, 0, 0, 0, 0);           /*新整个屏幕*/
          SDL_Delay(5000):        /*停留 5 秒钟*/
          return    0;
       }
```

Draw_Circle 函数说明如表 11.8 所示。

表 11.8　Draw_Circle 函数

函数介绍	说明
所需头文件	#include "SDL_draw. h"
函数功能	绘制圆
函数原型	void Draw_Circle (SDL_Surface *super, Sint16 x0, Sint16 y0, Uint16 r, Uint32 color):
函数传入值	super 为所要绘制的平面；(x0,y0)为所绘制圆的圆心；r 为圆的半径；color 为画圆的颜色
函数返回值	无

例 11.4　使用 SDL_draw 库设计一个程序,初始化视频子系统,设置显示模式为 640×480,表面的色深为 16 位。用 Draw_Rect 函数画 2 个矩形,一个矩形的左上角坐标是(80,180),宽和高分别是 160 和 120,颜色为白色；另一个矩形的左上角坐标是（319,179）,宽和高分别是 242 和 122,颜色为黄色。用 Draw_FillRect 函数画 1 个矩形,其左上角坐标是(320,180),宽和高分别是 240 和 120,颜色为红色。程序取名为 12-4.c,存放在/home/cx/SDL_draw-1.2.11 下。

编辑源程序代码：

```
int main()
{
```

```
    SDL_Surface *screen;        /*屏幕指针*/
    if(SDL_Init(SDL_INIT_VIDEO)<0)   /*初始化视频子系统*/
    {
        fprintf(stderr,"无法初始化 sdl:%s\n",SDL_GetError());
        exit(1);
    }
    /*设置视频模式*/
    screen =SDL_SetVideoMode(640, 480, 16, SDL_SWSURFACE);
    if( screen=null)
    {
        fprintf(stderr, "无法设置 640x480x6 位色的视频模式:%s\n",SDL_GetError());
        exit(1);
    }
    atexit(SDL_Quit);         /*退出*/
    /*画矩形,左上角坐标为(80,180), 宽和高分别是 160 和 120, 颜色为白色*/
    Draw_Rect(screen, 80, 180, 160, 120, SDL_MapRGB(screen->format, 255, 255, 255));
    /*画 2 个矩形, 重叠, 黄边红色填充效果*/
    Draw_rect(screen,319,179,242,122, SDL_ MapRGB(screen->format,255,255,0));
    Draw_FillRect(screen, 320, 180, 240, 120, SDL_MapRGB(screen->format, 255, 0,0));
    SDL_UpdateRect(screen, 0, 0, 0, 0);     /*更新整个屏幕*/
    SDL_Delay(5000);      /*停留 5 s*/
    return 0;
}
```

Draw_Rect 函数说明如表 11.9 所示。

表 11.9 Draw_Rect 函数

函数介绍	说明
所需头文件	#include "SDL draw. h"
函数功能	绘制矩形
函数原型	void Draw_Rect (SDL_Surface *super, Sint16 x, Sint16 y, Uint16 w, Vint16 h, Uint32 color):
函数传入值	super 为所要绘制的平面;(x,y)为所绘矩形的左上角坐标; w,h 为所绘矩形的宽和高;color 为表面的色深(就是8位,16位,24位,32位)
函数返回值	无

例 11.5 使用 SDL_draw 库设计一个程序,初始化视频子系统,设置显示模式为 640*480,表面的色深为 16 位。用 Draw_HLine 函数画一水平直线,起始点为(240,240),长度为 160,颜色为白色;用 Draw_VLine 函数画一垂直直线,起始点为(320,180),

长度为 120，颜色为红色；用 Draw_Ellipse 函数画一椭圆，圆心为（240，180），x 轴径为 76，y 轴径为 56，颜色为蓝色；用 Draw_FillEllipse 填充此椭圆，用 Draw_Round 画一圆角矩形，左上角坐标为（322，122），宽为 156，高为 116，圆角的半径为 10，颜色为绿色，用 Draw_FillRound 填充此圆角矩形。

编辑源程序代码：

```
int main()
{
    SDL_Surface *screen;
    if(SDL_Init(SDL_INIT_VIDE0)<0)
    {
        fprintf(stderr,"无法初始化 SDL:%s\n",SDL_GetError());
        exit(1);
    }
        screen=SDL_SetvideoMode(640,480,16,SDL_SWSURFACE);
    if( screen==null)
    {
        fprintf(stderr,"无法设置 640x480x6 位色的视频模式:%s\n", SDL_GetError());
        exit(1);
    }
    atexit(SDL_Quit);
    //画水平直线, 起点为(240,240), x 方向上偏移到 400, 颜色为白色
    Draw_HLine(screen,240,240,400,SDLMapRGB(screen->format,255,255,255));
    //画垂直直线, 起点为(320,180), y 方向上偏移到 300, 颜色为红色
    Draw_VLine(screen, 320, 180, 300, SDL_MapRGB(screen->format, 255,0,0));
    //画椭圆, 圆心为(240,180), x 轴径为 76, y 轴径为 56, 颜色为蓝色
    Draw Ellipse(screen, 240, 180, 76, 56, SDL_MapRGB(screen->format, 0, 0, 255));

    //填充椭圆, 规格和以上相同
    Draw_FillEllipse(screen, 400, 300, 76, 56, SDL_MapRGB (screen->format, 0, 0, 255));
    //画圆角矩形,左上角坐标为(322,122),宽为 156,高为 116,圆角的半径为 10,颜色为
    绿色
    Draw_Round(screen, 322, 122, 156, 116, 10, SDL_MapRGB (screen->format, 0, 255,0));
    //填充以上规格的圆角矩形
    Draw_FillRound(screen,162,242,156,116,10, SDL MapRGB(screen-->format0,255,0));
    SDL_UpdateRect(screen, 0, 0, 0, 0);
    SDL_Delay(5000);
    return 0;
}
```

Draw_HLine 函数说明如表 11.10 所示。

表 11.10   Draw_HLine 函数

函数介绍	说明
所需头文件	#include "SDL draw. h"
函数功能	绘制水平直线
函数原型	void Draw HLine(SDL_Surface *super, Sint16 x0,Sint16 y0, Sint16 x1, Uint32 color);
函数传入值	super：所要绘制的平面； (x0,y0)：为所绘矩形的左上角坐标； x1：终点 x 坐标； color：表面的色深（就是 8 位，16 位，24 位，32 位）
函数返回值	无

Draw_VLine 函数说明如表 11.11 所示。

表 11.11   Draw_VLine 函数

函数介绍	说明
所需头文件	#include "SDL draw. h"
函数功能	绘制垂直直线
函数原型	void Draw_VLine(SDL_ Surface*super,int16 x0,sint16 y0,sint16 y1, Uint32 color)
函数传入值	super：所要绘制的平面； (x0,y0)：为所绘矩形的左上角坐标； y1：终点 y 坐标； color：表面的色深（就是 8 位，16 位，24 位，32 位）
函数返回值	无

Draw_Ellipse 函数说明如表 11.12 所示。

表 11.12   Draw_Ellipse 函数

函数介绍	说明
所需头文件	#include "SDL draw. h"
函数功能	画椭圆
函数原型	void Draw_Ellipse(SDLSurface*super, sint16 x0, sint16 y0, Uint16 Xradius, Uint16 Yradius, Uint32 color)
函数传入值	super：所要绘制的平面； (x0,y0)：所绘制圆的圆心； Xradius：椭圆的长轴长度； Yradius：椭圆的短轴长度； color：画椭圆的颜色
函数返回值	无

Draw_Round 函数说明如表 11.13 所示。

表 11.13 Draw_Round 函数

函数介绍	说明
所需头文件	#include "SDL draw. h"
函数功能	绘制圆角矩形
函数原型	void Draw_Round(SDL_Surface *super, Sint16 x0, Sint16 y0, Uint16 w, Uint16 h, Uint16 corner, Uint32 color)
函数传入值	super：所要绘制的平面； (x0,y0)：为所绘圆角矩形左上角坐标； w：矩形的宽； h：矩形的高； corner：圆角的半径； color：表面的色深（就是 8 位，16 位，24 位，32 位）
函数返回值	无

11.5 图片与文字显示

图片与文字显示常用的函数及功能如表 11.14 所示。

表 11.14 图片与文字显示常用的函数及功能

函数名	功能
SDL_LoadBM	装载 BMP 位图文件
SDL_BlitSurface	将图像按设定的方式显示在屏幕上
TTF_OpenFont	打开字体库，设置字体大小
TTF_SetFontStyle	设置字体样式
TTF_RenderUTF8_Blended	渲染文字生成新的 surface
TTF_Init	初始化 TrueType 字体库
TTF_CloseFont	释放字体所用的内存空间
TTF_Quit	关闭 truetype 字体

例 11.6 设计一个程序，初始化视频子系统，设置显示模式为 640*480，表面的色深为 16 位；加载位图 b.bmp，并按照一定的顺序把位图排列显示。程序取名为 9-6.c，存放在/home/cx/下，位图名为 b.bmp，也存放在该目录下。

编辑源程序代码：

```
#include<SDL.h>        /*使用 SDL 库,需要包含 SDL 库的头文件*/
 #include<stdlib.h>
 void ShowBMP(char *pn,SDL_Surface* screen,int x,int y)   /*显示位图*/
```

```
{
    SDL_Surface *image;      /*指向图片的指针*/
    SDL_Rect dest;        /*目标矩形*/
    image=SDL_LoadBMP (pn);       /*加载位图*/
    if(image==NULL)        /*加载位图失败*/
    {
        fprintf(stderr,"无法加载%s:%s\n",pn,SDL_GetError());
        return;
    }
    dest.x=x;     /*目标对象的位置坐标*/
    dest.y=y;
    dest. w=image->w;   /*目标对象的大小*/
    dest. h=image->h;
    SDL_BlitSurface(image, NULL, screen, &dest);      /*把目标对象快速转化*/
    SDL_UpdateRects(screen, 1, &dest);           /*更新目标*/
}
int main()
{
    SDL_ Surface* screen;      /*屏幕指针*/
    int x,y;      /*用来计算目标对象的坐标位置*/
    if(SDL_Init(SDL_INIT_VIDEO)<0)      /*初始化视频子系统*/
    {
        fprintf(stderr,"无法初始化 SDL:%s\n",SDL_GetError());
        exit(1);
    }
    screen=SDL_SetVideoMode(640,480,16, SDL_SWSURFACE); /*设置视频模式*/
    if(screen==NULL)
    {
        fprintf(stderr, "640X480X16 位色的视频模式  %s\n", SDL_GetError ());
    }
    atexit(SDL_Quit);     /*在任何需要退出的时候退出,一般放在初始化之后*/
    for(x=80;x<=480;x+=80)      /*用两个 for 循环把图片排列起来*/
    for(y=60;y<360;y+=60)
    ShowBMP ("b. bmp", screen, x, y);
    SDL_Delay(5000);      /*让屏幕停留 5 s 的时间*/
    return 0;
}
```
SDL_LoadBMP 函数说明如表 11.15 所示。

表 11.15　SDL_LoadBMP 函数

函数介绍	说明
所需头文件	#include <SDL. h>
函数功能	读取以 filename 指定的位图文件，并返回该位图文件的表面
函数原型	SDL_Surface *SDL LoadBMP (const char *filename)
函数传入值	filename 表示位图的文件名
函数返回值	返回图像指针

SDL_BlitSurface 函数说明如表 11.16 所示。

表 11.16　SDL_BlitSurface 函数

所需头文件	#include <SDL. h>
函数功能	将图像按照规定的坐标贴在屏幕上
函数原型	int SDL_BlitSurface(SDL_Surface* A,const SDL_Rect* B,SDL_ Surface* C,SDL_Rect* D)
函数传入值	A 为源表面指针；B 为截取 A 所指表面的一个矩形区域，若设置为 NULL，则为整个 A 所指表面；C 为 A 要 blit 的目的表面（就是 A 在 C 所指的区域上显示）；D 为截取 C 所指表面的一个矩形区域（A 在 C 上显示的地方），若设置为 NULL，则 blit 的起点为 C 的（0,0）点
函数返回值	返回值为整型，成功则返回 0，将 A 所指的表面的 B 区域的图显示到 C 表面的 D 区域上

例 11.7　设计一个程序，初始化视频子系统，设置显示模式为 640*480，表面的色深为 16 位；使用 SDL_ttf 库在屏幕上显示 "Linux 下 TrueType 字体显示示例"，字体大小为 38，颜色为红色。程序取名为 11-7.c，存放在/home/cx/下。

准备工作：把 Windows 下 C:\WINDOWS\Fonts 中的 simsun.ttc 文件拷贝到 Linux 的/usr/share/fonts/下，用于显示中文。

编辑源程序代码：

```
#include <SDL.h>
 #include <SDL _ttf.h>   /*添加用于显示中文字体的库的头文件*/
 int main()
{   /*除了屏幕指针外,文字也可看作是一个 surface,指针 text 指向文字屏幕*/
    SDL_Surface *text, *screen;
    SDL_Rect drect;       /*目标矩形*/
    TTF_Font *Nfont;      /*文字样式对象*/
    if( SDL_Init( SDL_INIT_VIDE0)<0)     /*初始化视频子系统*/
    {
        fprintf(stderr,"无法初始化 sdl:%s\n",SDL_GetError());
        exit(1);
```

```
    }
    /*设置视频模式*/
        screen=SDL_SetVideoMode(640,480,16,SDL_SWSURFACE);
    if( screen==null){
        fprintf(stderr,"无法设置 640x48016 位色的视频模式:%s\n", SDL_GetError());
        exit(1);
    }
    atexit(SDL_Quit);      /*退出*/
    SDL_Color red={255,0,0,0};/*设置字体颜色*/
    int fontsize=38;   /*设置字体大小为 38*/
    if(TTF_Init()!=0){   /*初始化字体*/
        fprintf(stderr,"cant init ttf font!\n");
        exit(1);
    }
    /*打开字体库*/
    Nfont=TTF_OpenFont("/usr/share/fonts/simsun.ttc", fontsize);
    TTF_SetFontStyle(Nfont, TTF_STYLE_NORMAL);    /*设置字体样式*/
    text=TTF_RenderUTF88_Blended(Nfont,"Linux 下 TrueType 字体显示示例",red);
    TTF_CloseFont(Nfont);/*闭字体库*/
    TTF_Quit();       /*退出*/
    drect. x=240;    /*在点(240,160)处开始写*/
    drect.y=160;
    drect. w=text->w;    /*目标矩形的宽和高分别是所写字的宽和高*/
    drect. h=text->h;
    SDL_B1itSuface (text,NULL,screen,&drect); /*把目标对象快速转化*/
    SDL_UpdateRect(screen, 0,0,0,0); /*更新整个屏幕*/
    SDL_FreeSurface(text);/*释放写有文字的 surface*/
    SDL_Delay(5000);    /*让屏幕停留 5 s 的时间*/
    return 0;
}
```

注意：保存文件的时候请使用 UTF8 格式保存，才能正常显示中文字体。

11.6 动　画

动画的常用函数如表 11.17 所示。

表 11.17　动画的常用函数

函数名	功能
SDL_GetTicks	得到从 SDL 库被初始化到现在的时间
SDL_Flip	交换屏幕缓冲

例 11.8　设计一个程序，实现矩形的运动。矩形通过位图显示，当碰到四边时，矩形会被自动反弹，程序可通过按任意键退出。程序取名为 11-8.c，存放在/home/cx/下，位图素材（b.bmp）也存放在该目录下。

程序设计流程如图 11.2 所示。

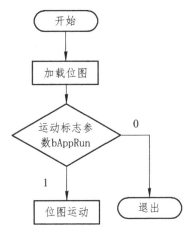

图 11.2　例 11.8 程序设计流程图

编辑源程序代码：

```
#include <SDL.h>
 #include <stdio.h>
 #include <stdlib.h>
 int main(int argc, char ** argv)
{
    sL_Surface* screen;    //屏幕指针
    sL_Surface* image;    //图像指针
    SDL_Event event;    //事件对象
        int bAppRun=1;    //一个内部标志参数
        int bTopBottom=1; //屏幕上部
        int bLeftRight=1; //左右两边
    Uint32 Tstart, Tstop; //时间开始和结束
    SDL_Rect dRect; //目标矩形
    //初始化视频子系统和计时子系统
    if(SDL_Init(SDL_INIT_VIDEO| SDL_INIT_TIMER)==-1)
```

```
    {
        fprintf(stderr, "不能初始化%s\n",SDL_GetError());
        exit(1);
    }
    atexit(SDL_Quit);//退出
    screen=SDL_SetvideoMode(640,480,1, SDLSWSURFACE);//设置视频模式
    if(screen==null)
    {
        fprintf(stderr,"不能初始化 640×480×8 大小的视频模式:%s\n", SDL_GetError());
        exit(1);
    }
    image=SDL_LoadBMP(".b.bmp"); //加载位图
if(image==NULL){
    fprintf(stderr, "Couldn't load BMP, %s\n", SDL_GetError());
    exit(1);
}
  dRect.x=0;//目标矩形的左上角坐标
  dRect.y=0;
  dRect.w= image->w;//目标矩形的宽高是位图的宽高
  dRect.h= image->h;
  if (SDL_BlitSurface(image, NULL, screen, &dRect)<0){
      fprintf(stderr,"BlitSurface error:%s\n",SDL_GetError());
      SDL_ FreeSurface(image);
      exit(1);
}
SDL_UpdateRect(screen,0,0, image->, image->h);//更新目标矩形
  Tstart=SDL_ GetTicks();//时间开始
  while(bAppRun==1){//标志参数是 1 的时候,图像开始运动,其中包含了鼠标事件
      if(SDL_ PollEvent(&event)){
          switch(event.type){
          case SDL_ EYDOWN://判断是否按下某键
          bAppRun= 0;
          break;
      }
}
  Tstop= SDL_GetTicks();
  if ((Tstop-Tstart)> 15){
      Tstart= Tstop;
```

```
        SDL_FillRect(screen, &dRect,0);
        if (bTopBottom==1){///如果碰到屏幕上部,y 方向的坐标向下
        if ((dRect. y +dRect. h +3)< screen->h){
        dRect.y += 3;
}
else{
        bTopBottom =0;
        dRect.y= screen->h-dRect.h;
}
else{
        if ((dRect.y-3)>0){
        dRect.y -=3;
    }
    else{
            bTopBottom =1;
            dRect.y =0;
    }
}
if (bLeftRight==1){///如果碰到右边或是左边,x 坐标向左或向右
if((dRect.x+ dRect.w+3)< screen->w){
  dRect.x + =3;
  else{
        bLeftRight =0;
        dRect.x=screen->w-dRect.w;
}
  else{
        if ((dRect.x-3)>0){
        dRect.x -=3;
}
  else{
        bLeftRight =1;
        dRect.x =0;
}
}/*把目标对象快速转化*/
  if (SDL _BlitSurface(image, NULL, screen, &dRect)<0){
    fprintf(stderr, "BlitSurface error %\n", SDL_GetError());
        SDL_FreeSurface(image);
            exit(1);
```

```
    }
     SDL_Flip(screen);      //屏幕缓冲
    }
}
    SDL_FreeSurface(image);    /*释放图像 surface*/
  exit(1);
}
```

11.7   三维绘图

三维绘图的常用函数如表 11.18 所示。

表 11.18   三维绘图的常用函数

函数名	功能
glViewport	视觉角度
glclearColor	清除屏幕时所用的颜色
gIclearDepth	深度缓存
glDepthFunc	为深度测试设置比较函数
glShadeModel	阴影模式
glMatrixMode	选择投影矩阵
glLoadIdentity	重置当前的模型观察矩阵
gluPerspective	建立透视投影矩阵
glTranslatef	指定具体的 x, y, z 值来多元化当前矩阵
glRotatef	让对象按照某个轴旋转
glBegin	绘制某个图形
glColor3f	设置颜色

例 11.9   设计一个程序，在屏幕上绘制一个立体矩形，并按照一定的角度和方向旋转。程序取名为 11-9.c，存放在/home/cx/下。

编辑源程序代码：

```
#ifdef WIN32
  #define WIN32_LEAN_AND_MEAN
  #include <windows. h>
  #endif
#if defined( APPLE)&& defined(MacH)
  #include <OpenGL/g1. h>    //32 库头文件
  #include <OpenGL/glu. h>    /*GLu32 库头文件*/
  #else
```

```
#include <GL/gl. h>    /*openGL332 库头文件*/
#include <GL/glu. h>     /*GLu32 库头文件*/
#endif
#include "SDL. h"
float rquad=0.0f;      /*设置正方体旋转角度*/
void InitGL (int Width, int Height)    /*初始化 GL 界面*/
{
    glViewport(o, 0, Width, Height); //视觉角度
    glclearColor(o.f,0.0f,.f,0.0f); //背景色设置
    glclearDepth(1.0); //清除深度缓存
    gIDepthFunc(GL_LESS); //为深度测试选择不同的比较函数
    glEnable(GL_DEPTH_TEST); //激活深度测试
    g1ShadeModel(GL_SMOOTH); //启用阴影平滑
    glMatrixMode(gl_PROJECTION)/选择投影矩阵
    glLoadIdentity();//重置投影矩阵
    gluPerspective(45.of,(GLfloat)widt/(GLfloat)Height,1.f,100.0f); //计算观察窗口的
比例和角度等的设置,重置投影矩阵
    gIMatrixMode(gl_MODELVIEW) //指明任何新的变换将会影响 modelview mat
rix 模型//观察矩阵
}
void DrawGLScene()//绘制
{
    glclear(GL_DEPTHBUFFER_BIT| GL_COLOR_BUFFER_bit); //清除屏幕颜色和
深度缓冲
    glLoadIdentity();    //使用当前坐标矩阵方式
glTranslatef(0.0f,0.0f,-10.0f); //沿着(0.0,0.0,-10.0)移动
glRotatef(rquad,-1.0f,-1.0f,-1.0f); //正方体在 xyz 方向上反方向旋转
glBegin(GL_QUADS); //开始绘制正方体
//绘制顶面
glColor3f(0.0f, 1.0f, 0.0of); //颜色为蓝色
glVertex3f( 1.0f, 1.0f,-1.0f); //右上顶点
glVertex3f(-1.0f, 1.0f, -1.0f); //左上顶点
glvertex3f(-1. 0f, 1. 0f, 1.0f); //左下顶点
glVertex3f( 1. 0f, 1.0f, 1.0f); //右下顶点
//绘制底面
g1Color3f(1.0f,0. 5f, 0.0f); //橘红色
glVertex3f(1.0f,-1.0f,1.0f); //右上顶点
glVertex33f(-1.0f,-1.0f,1.0f); //左上顶点
```

```
    glVertex3f(-1.0f,-1.0f,-1.0f); //左下顶点
    glVertex33f(1.0f,-1.0f,-1.0f); //右下顶点
//绘制前面
    glColor3f(1.0f, 0.0f, 0.0f); //红色
    glVertex3f( 1.0f, 1. 0f, 1.0f) //右上顶点
    glVertex3f(-1. 0f, 1. 0f, 1. 0f); //左上顶点
    glVertex3f(-1. 0f,-1. 0f, 1.0f); //左下顶点
    glVertex33f(1.0f,-1.0f,1.0f); //右下顶点
//绘制背面
    giColor3f(1.0f, 1.0f,0. 0f); //黄色
    glVertex3f( 1.0f,-1.0f,-1.0f); //右上顶点
    glVertex3f(-1.0f,-1.0f,-1.0f); //左上顶点
    glVertex3f (-1.0f, 1.0f,-1.0f); //左下顶点
    glVertex33f(1.0f,1.0f,-1.0f); //右下顶点
//绘制左面
    g1ColorSf (0. 0f, 0.0f, 1. 0f); //蓝色
    glVertex3f(-1.0f, 1.0f, 1.0f); //右上顶点
    glVertexSf (-1. 0f, 1.0f,-1.0f); //左上顶点
    glVertex3f (-1. 0f,-1.0f,-1.0f); //左下顶点
    glVertex3f (-1. 0f,-1.0f, 1.0f); //右下顶点
//绘制右面
    g1Color3f(1. 0f,0. 0f, 1.0f); //紫色
    glVertex3f( 1. 0f, 1. 0f,-1.0f); //右上顶点
    glVertex3f(1.0f,1.0f,1.0f); //左上顶点
    glVertex3f(1.0f,-1.0f,1.0f); //左下顶点
    glVertex3f( 1. 0f,-1. 0f,-1.0f); //右下顶点
    glEnd(); //绘制完毕
    rquad-=1. 0f; //旋转角度以逆时针方向一个单位一个单位减少
    SDL_GL_SwapBuffers();
}
    int main(int argc, char **argv)
{
    int done;
    if( SDL_Init(SDL_INIT_VIDEO)<0){/*初始化视频子系统*/
        fprintf(stderr, "Unable to initialize SDL: %s\n", SDL_GetError ());
        exit(1);
}
/*设置视频模式*
```

```
if(SDL_SetVideoMode(640,480,0,SDL_OPENGL)==NULL)
{
    fprintf(stderr, "Unable to create OpenGL screen: %s\n", SDL_GetError());
    SDL_Quit();
    exit(2);
}
/*loop, drawing and checking events*/
 InitGL(640,480);//初始化 GL 界面,640*480 大小
 done =0;//事件标志
 while(!done){
     DrawGLScene();//调用绘制函数
     {
         SDL_Event event;//鼠标事件,当用户按下 Esc 键后退出
         while( SDL_PollEvent(&event))
        {
            if( event.type==SDL_KEYDOWN)
            if( event.key. keysym.sym==SDLkESCAPE)
               done=1;
         }
     }
}
atexit(SDL_Quit); //退出
 SDL_Delay(5000); //停留 5 s
 return 0;
}
```

11.8　游戏程序入门

例 11.10　利用 SDL 库,综合运用以上所学的函数及方法,实现大炮打飞机的游戏。
游戏初始化的时候大炮在屏幕底部中间,从屏幕的上方不断出现飞机并保持;可以使用
键盘方向键控制大炮的左右移动,→表示向右,←表示向左;使用空格键发射炮弹,飞
机水平运行,并逐渐往下移动,飞机若是被大炮击中,就爆炸,系统会立即再产生飞机,
始终保证飞机数量为 2 架;假设飞机下降到大炮的位置,那么大炮就被炸毁,游戏结束。
程序取名为 11-10.c,存放在/home/cx 文件下。本题中用到的素材大炮、飞机、背景图片
等放在 data 文件夹里,data 文件夹放在/home/cx 文件下。
例 11.10　程序设计流程如图 11.3 所示。

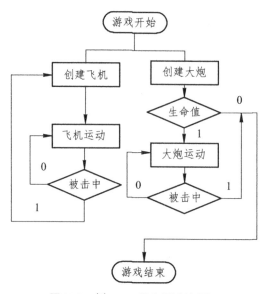

图 11.3　例 11.10 程序设计流程图

编辑源程序代码:

```
#include <stdlib. h>
  #include <stdio. h>
  #include <time. h>    //需要产生随机数,加载时间头文件
#include<SDL.h>
  #ifdef macintosh      //用于对导入数据时分隔符的控制
  #define DIR_SEP ":"
  #define DIR_CUR ":"
  #else
#define DIR SEP "/"
  #define DIR CUR ""
  #endif
  #define DATAFILE (X) DIR_CUR   "data" DIR_SEP X
  #define FRAMES_PER_SEC 10 //每秒钟的帧数
  #define cannon_SPEED 5    //大炮运动速度
  #define MAX_SHOTS 1      //最多可以发射多少发炮弹
  #define SHOT_SPEED 10    //炮弹的速度
  #define MAX_airs   2     //最多出现多少架飞机
  #define AIR_SPEED   5    //飞机的速度
  #define AIR_ODDS   (1*FRAMES_PER_SEC)   //剩下的飞机数
  #define EXPLODE_TIME 4   //爆炸时间
typedef struct{   //对象结构体
     int alive;   //是否存活标志
```

```c
    int facing; //运动方向
    int x, y;  //坐标
 SDL_Surface *image;  //图像指针
} object;
 SDL_Surface *screen;  //屏幕指针
 SDL_Surface *background;  //背景指针
 object cannon;  //大炮对象
 int reloading;  //重新加载标志
 object shots [MAX_SHOTS];  //炮弹对象
 object airs[max_airs];  //飞机对象
 object explosions [MAX_airs+1];  //爆炸对象
 #define MAX_UPDATES  3*(1+MAX_SHOTS+MAX_airs)  //最大更新次数
 int numupdates; //更新次数的变量
SDL_ Rect srcupdate[MAX_UPDATES];  //源目标更新
 SDL _Rect dstupdate [MAX_UPDATES];  //目标更新
 struct blit {  //定义快速重绘对象结构体
    SDL_Surface *src;
    SDL_Rect*srcrect;
    SDL Rect *dstrect;
 } blits [MAX _UPDATES];
SDL_Surface *LoadImage (char *datafile)  //加载图片函数
 {
    SDL_Surface *image, *surface;
    image=SDL_LoadBMP(datafile);  //用 SDLLoadBMP()函数加载图片
    if( image==NULL)
    {
        fprintf(stderr, "Couldn't load image %s: %s\n", datafile,SDL_GetError());
        return(NULL);
     }
    surface=SDL_DisplayFormat(image);  //用图片的形式显示
    SDL_ FreeSurface(image);  //释放图片
    return(surface);
}
int LoadData(void)  //加载数据
 {
    int i;
     cannon. image= LoadImage(DATAFILE("cannon.bmp")); //加载大炮图片
    if( cannon. image==null){
```

```
            return(0);
        }
        shots[0]. image= LoadImage(DATAFILE("shot.bmp"));    //加载炮弹图片
        if( shots[0]. image==null){
            return(0);
        }
        for(i=1; i<MAX_SHOTS; ++i){
            shots[i]. image= shots[0]. image;
        }
        airs[0]. image= LoadImage(DATAFILE("air.bmp"));    //加载飞机图片
        if(airs[0]. image==null){
            return(0);
        }
        for(i=1; i<MAX_airs; ++i){
            airs[i]. image=airs[0]. image;
        }
        explosions[0]. image= LoadImage(DATAFILE("explosion.bmp"));//加载爆炸图片
        for( i=1; i<MAX_airs+1; ++i){
            explosions[i]. image= explosions[0]. image;
        }
        background= LoadImage(DATAFILE("background.bmp"));//加载背景图片
        //设置更新目标矩形的指针
        for( i=0; i<MAX_UPDATES; ++i){
            blits[i]. srcrect=&srcupdate[i];
            blits[i]. dstrect=&dstupdate[i]
        }
        return(1);
    }
  void FreeData(void)//释放数据
  {
        int i;
        SDL_ FreeSurface(cannon. image);//释放大炮图片
        SDL_ FreeSurface(shots[0]. image);释放炮弹图片
        SDL_FreeSurface(airs [0]. image);//释放飞机图片
        SDL_ FreeSurface(explosions[0]. image);//释放爆炸图片
        SDL_ FreeSurface(background);//最后释放背景图片
  }
void CreateAir(void) //产生一架新的飞机
```

```c
{
    int i;
    for(i=0;i<max_airs;++i){   //当飞机数没有达到最大值,并且存活值为 1 时,产生一
//架新的飞机
        if(!airs[i]. alive)
            break;
    }
    if(i==MAX_airs)    { //已经到达最大值就返回,不产生
        return;
    }
    Do{   //用随机函数产生三个数,分别用来标记运动方向
        airs[i]. facing =(rand()%3)-1;
    } while(airs[i]. facing==0);
    airs[i].y=0;       //确定飞机初始时的 y 方向上的位置,即表示屏幕的上部
    if(airs[i]. facing<0){   //如果飞机方向小于 0,即反方向,飞机往左边移动
        airs[i]. x=screen->w-airs[i]. image->wr-1;
    }else
    {
        airs[i]. x=0;
    }
    airs[i]. alive=1;
}
void Drawobject(object *sprite)   //画对象
{
    struct blit *update;
    update &blits [numupdates++];
    update->src= sprite-->image;
    update->srcrect->x =0;          //根据源目标的大小和位置坐标来绘制
    update->srcrect->y=0;
    update->srcrect->w= sprite->image->w;
    update->srcrect->h= sprite->image->h;
    update->dstrect->x= sprite->x;
    update->dstrect->y= sprite->y;
    update->dstrect->w sprite->image->w;
    update->dstrect->h= sprite->image->h;
}
void EraseObject(object *sprite)   //消除目标
{
```

```
            struct blit *update;
            int wrap;    //背景水平重叠达到清除画面效果
            update=&blits[numupdates+++];
            update->src= background;
            update->srcrect->x sprite->x%background->w;
            update->srcrect-->y= sprite-->y;
            update->srcrect->w= sprite->image->w;
            update->srcrect->h= sprite->image->h;
            wrap =(update->srcrect->x+update-srcrect->w)-(background->w);
            if (wrap >0){
                update->srcrect->w - wrap;
        }
      update->dstrect->x= sprite->x;
      update->dstrect->y= sprite->y;
      update->dstrect->w= update->srcrect->w;
      update->dstrect-h= update->srcrect->h;
//一个背景一个背景的把屏幕重绘
      if (wrap >0){
      update=&blits[numupdates++];
      update->src= background;
      update->srcrect->x=0;
      update->srcrect->y sprite->y;
      update->srcrect->w=wrap;
      update->srcrect->h= sprite->image->h;
      update->dstrect->x=((sprite->x/background->w)+1) *background->w;
      update->dstrect->y= sprite->y;
      update->dstrect->w= update->srcrect->w;
      update->dstrect->h= update->srcrect->h;
void UpdateScreen(void)    //更新屏幕
{
    int i;
    for (i=0; i<numupdates; ++i){
    SDL_LowerBlit(blits[i]. src, blits[i]. srcrect, screen, blits[i]. dstrect);
}
    SDL_UpdateRects(screen, numupdates, dstupdate);
    numupdates =0;
}
    int Collide(object *spritel, object *sprite2)    //两个物体碰撞的情况
```

```
{
    if ((sprite1->y >=(sprite2->y+sprite2-image->h))||
    (sprite1->>=(sprite2->x+sprite2->image->w))||
    (sprite2->>=(sprite1->y+sprite1->image->h))||
    (sprite2->x >=(sprite1->x+sprite1-image->w))){
    return(0);
}
 return(1);
}
void WaitFrame (void)
{
    static Uint332next_tick=0;
    Uint32 this_tick;
    this_tick=sdl_GetTicks();//得到当前时间值
    if(this_tick<next_tick){
    SDL_Delay(next_tick-this_tick);//延时时间
}
next_tick=this_tick+(1000/FRAMES_PERSEC)//下一帧
}
 void RunGame(void)      //开始游戏
{
 int i, j;
 SDL_Event event;   //SDL 事件
 Uint8 *keys;
 Numupdates= 0;
 SDL_Rect dst;          //开始把背景画上去
 dst. x =0;
 dst. y=0;
dst.w= background->w;
dst.h= background->h;
 SDL_BlitSurface(background, NULL, screen, &dst);
SDL_UpdateRect(screen, 0, 0, 0, 0);    //更新屏幕
 cannon. alive=1;   //初始化大炮参数:存活数、位置和运动方向
 cannon. =(screen->w-cannon. image->w)/2;
 cannon. y =(screen->h- cannon. image->h)-1;
 cannon. Facing=0;
 Drawobject(&cannon);   //画大炮
 for (i=0; i<MAX_SHOTS; ++i)     //初始化炮弹的存活参数
```

```
{
        shots [i]. alive=0;
}
for (i=0; i<MAX_airs; ++i)      //初始化飞机的存活参数
{
        airs [i]. alive =0;
}
    CreateAir();     //产生飞机
    Drawobject(&airs [0]);    //画飞机
    UpdateScreen();
    while( cannon. alive)     //当大炮没有被炸毁的时候,游戏正常进行
{
    WaitFrame();
    while( SDL_PollEvent(&event))    //循环接收键盘事件,直到退出
{
if( event.type==SDL_QUIT)
    return;
}
keys=SDL_GetKeyState(NULL);    //得到键盘按键的状态
for(i=0;i<MAX_ SHOTS;++i)      //清除炮弹
{
    if( shots[i]. alive){
        EraseObject(&shots[i]);
}
for(i=0;i<MAX_airs;++i)       //清除飞机
{
    if(airs[i]. alive){
        Eraseobject(&airs[i]);
}
}
    Eraseobject(&cannon);
for(i=0;i<MAX_airs+1;++i)    //清除爆炸
{   if( explosions[i]. alive){
        Eraseobject(&explosions [i]);
}
}
for(i=0;i<MAX_airs+1;++i)     //爆炸次数记录,并减少存活数
{    if( explosions[i]. alive){
```

```
        --explosions [i]. alive;
    }
}
if((rand(AIR ODDS)==0){///产生新的飞机
 CreateAir();
if(! reloading){    //产生新的炮弹
if(keys[SDLK_SPACE]==SDL_PRESSED)    //按下空格键,发射
  for (i=0;i<MAX_SHOTS; ++i){
     if(!shots[i]. alive){
        break;
     }
}
  if (i!=MAX_SHOTS ){    //炮弹移动轨迹
    shots[i].x= cannon.x+ (cannon. image->wr-shots[i]. image->w)/2;
    shots[i]. y=cannon.y- shots [i]. image->h;
    shots[i]. alive =1;
}
}
}
  reloading =(keys [SDLK_SP ACE] ==SDL_PRESSED);
  cannon. facing =0;    //移动大炮
if(keys[SDLK_RIGHT]){    //右方向键向右运动
    ++cannon. facing;
}
if(keys[SDLK_LEFT]){           //左方向键向左运动
    --cannon. facing;
}
  cannon.x+= cannon. Facing*cannon_SPEED;    //计算移动的位移
if( cannon.x<0){
    cannon.x =0;
 }else
if( cannon.x>=(screen->w-cannon. image->w)){//两边碰头的处理
    cannon. x=(screen->w-cannon. image->w)-1;
}
for(i=0;i<MAX_airs;++i){    //移动飞机
if(airs[i]. alive){
    airs[i].x+=airs[i]. facing*AIR_SPEED;    //计算飞机位移
  if(airs[i]. x<0){       //飞机两边碰头的计算
```

```
            airs [i]. x =0;
            airs[i].y+=airs[i]. image->h;
            airs [i]. facing =1;
        }else
            if(airs[i]. x>= (screen->w-airs [i]. image->w)){
                airs [i]. x= (screen->w-airs [i]. image->w)-1;
                airs[i.y+=airs[i]. image-->h;
                airs [i]. facing =-1;
            }
    }
}
for (i=0; i<MAX_SHOTS;++i){          //炮弹的移动
if( shots[i]. alive){
        shots [i].y -= SHOT_SPEED;     /计算炮弹位移
        if( shots[i].y <0){
            shots [i]. alive =0;
        }
    }
}
 for( j=0; j<MAX_SHOTS; ++j){          //处理碰撞
 for( i=0; i<MAX_airs; ++i){
        if( shots[j]. alive&&airs[i]. alive&& Collide(&shots[j],&airs[i])){
            airs [i]. alive =0;
            explosions[i].x=airs[i].x;    //如果碰撞了,出现爆炸
            explosions [i].y= airs [i]. y;
            explosions [i]. alive= EXPLODE_TIME;
            shots[j]. alive= 0;
            break;
        }
    }
}
for( i=0; i<MAX_airs; ++i){    //飞机和大炮碰撞的处理
if(airs[i]. alive&& Collide(&cannon,&airs[i])){
 airs [i]. alive =0;
 explosions[i].x=airs[i].x;//出现爆炸
 explosions [i].y= airs [i].y;
 explosions [i]. alive =EXPLODE_TIME;
 cannon. alive =0;
```

```
    explosions [MAX_airs].x= cannon.x;//大炮爆炸
    explosions [MAX_airs]. y =cannon.y;
    explosions [MAX_airs]. Alive= EXPLODE_TIME;
//画飞机
if(airs[i]. alive){
    Drawobject(&airs [i]);
}
for (i=0; i<MAX_SHOTS;++i){ //画炮弹
    if( shots[i]. alive){
        Drawobject(&shots [i]);
    }
}
if( cannon. alive){          //画大炮
    Drawobject(&cannon);
}
  for( i=0; i<MAX_airs+1; ++i){      //画爆炸
    if( explosions[i].alive){
        Drawobject(&explosions [i]);
    }
}

  UpdateScreen();
if(keys[SDLK_ESCAPE]==SDL_PRESSED) {      //按下 Esc 退出
    cannon. alive =0;
}
}
  return;
}
int main(int argc, char *argv[])
{
    //初始化视频子系统
    if(SDL_Init(SDL_INIT_VIDEO)<0){
        fprintf(stderr, "Couldn't initialize SDL: %s\n", SDL_GetError());
        exit(2);
    }
    atexit(SDL_Quit);
    //设置视频模式
      screen =SDL_SetvideoMode(640, 480, 0, SDL_SWSURFACE);
      if(screen== NULL){
```

```
            fprintf(stderr, "Couldn't set 640x480 video mode: %s\n", SDL_GetError());
            exit(2);
        }
        srand(time(NULL));//随机时间产生器
    if( LoadData()){        //加载数据
        RunGame();      //运行游戏
        FreeData();     //释放数据
        exit(0);        //退出
    }
}
```

11.9   思考与实验

1. 编写一个简单的 SDL 初始化程序，要求背景色为红色，让屏幕停留 5 s。

2. 编写一个简单的 SDL 初始化程序，要求背景色的红、绿、蓝为随机显示值，让屏幕停留 10 s。

3. 编写一个简单的画线程序，要求设置背景色为红色，线条颜色为绿色，绘制一个边长为 120 的正三角形，同时让屏幕停留 8 s。

4. 请用画线的方法画出正弦曲线。

5. 能否用画线的方法实现动画。

6. 编写一个画圆的程序，要求设置背景色为黄色，线条颜色为蓝色，以正三角形的 3 个顶点为圆心、半径为 60 画 3 个圆，同时让屏幕停留 8 s。

7. 画一个半径渐渐增大、颜色随机变化的圆。

8. 画一个圆，此圆沿着正弦曲线运动。

9. 编写一个画矩形的程序，实现 5 个矩形从大到小向屏幕中心依次缩小，每个矩形间隔 20 个单位，要求最里面即最小的矩形宽、高分别为 80 和 60，同时让屏幕停留 5 s。

10. 编写一个程序，主要实现粗体、斜体、下划线等字体效果，同时让屏幕停留 5 s。

11. 编写一个程序，主要实现圆球运动效果，使用键盘事件，按下 Esc 键退出程序。

12. 编写一个程序，实现正方体以顺时针方向旋转，并且旋转的速度可调，正方体的上、下面颜色为红色，左、右面颜色为绿色，前、后面颜色为蓝色。(小提示：旋转的速度可以根据旋转的角度值改变量来实现)。

13. 参考 SDL_draw 库中关于椭圆的函数介绍，画一个椭圆。

14. 利用画线、画圆和画矩形，自行创意设计三者相结合的图形。

15. 编写一个程序，运用绘图、位图与文字显示的知识，实现看图识字的效果。

第 12 章　串行通信

12.1　串行通信概述

现在，串行通信端口 RS-232 是计算机上的标准配置，其最为常见的应用是连接调制解调器进行数据传输。

计算机通常包含 COM1 和 COM2 两个串行通信端口，该端口从外观上看有 9 个针脚，如图 12.1 所示。

图 12.1　计算机 COM 端口外观

在 Linux 中，所有的设备文件都位于 "/dev" 下，其中 COM1、COM2 对应的设备名依次为 "/dev/ttyS0" "/dev/ttyS1"。

Linux 中对设备的操作方法与对文件的操作方法相同，因此，对串口的读写就可以使用简单的 read、write 函数来完成，所不同的是要对串口的一些参数进行配置。

12.2　串行通信程序的设计

12.2.1　串行通信程序设计流程

用串口进行通信需要设置一些参数，如波特率、数据位、停止位，输入输出方式等。第一步：打开串口资源；第二步：设置串口属性，进行资源参数配置，通过一些相关函数设置串口的结构属性，用户通过对其进行赋值即可实现；第三步：串口读写，串口关闭。设置完通信参数后，就可以用标准的文件读写命令操作串口了，最后在退出之前，须用函数关闭串口。

12.2.2　打开通信端口

在 Linux 中串口设备可被视为普通文件，使用 open() 函数来打开串口设备。

例 12.1　打开 PC 的 COM1 串行通信端口。

源程序代码 com1open.c：

```
#include<stdio. h>
#include<string. h>
#include<unistd. h>
#include<fcnt1. h>
#include<errno. h>
#include<termios. h>
int main()
{
int fd;
fd=open("/dev/ttyS0",O_ RDWR|O_ NOCTTY|O_NONBLOCK);
/* O_ RDWR：读写模式。O_ NOCTTY：该标志通知 Linux 系统，这个程序不会成
```

为对应这个端口的控制终端，如果没有指定这个标志，那么任何一个输入，诸如键盘中止信号等，都将会影响该进程。O_NONBLOCK：该标志通知 Linux 系统这个程序以非阻塞的方式打开。*/

```
if(fd==-1)
perror("open error\n");
else
printf("open success\n");
return(fd);
}
```

12.2.3　设置串口属性

在 Linux 中对串口进行操作，如改变波特率、字符大小等，其实就是对结构体 struct termios 中成员的值进行设置。

```
#include<termios. h>
struct termios
{
    tcflag_t c_iflag;        /*输入模式*/
    tcflag_t c_oflag;        /*输出模式*/
    tcflag_t c_cflag;        /*控制模式*/
    tcflag_t c_lflag;        /*局部模式*/
    cc_t c_cc[NCCS];        /*特殊控制模式*/
}
```

注意：在这个结构中最为重要的值是 c_iflag，通过对其赋值，用户可以设置波特率、字符大小、数据位、停止位、奇偶校验位和硬件控制等。

c_oflag（输出模式）说明如表 12.1 所示。

表 12.1　c_oflag（输出模式）

c_oflag 值	说明
OPOST	打开输出处理
ONLCR	将换行转换成回车和换行
OCRNL	将回车转换成换行
ONOCR	不在第 0 列输出回车
ONLRET	不输出回车
OFILL	传送 fil 字符以提供延迟
OFDEL	使用 del 键作为控制字符、而非用 NULL
NLDLY	换行延时
CRDLY	Return 键延时
TABDLY	Tab 延时
BSDLY	后退键延时
VTDLY	垂直跳格延时
FFDLY	窗体换页延时

c_cflag（控制模式）说明如表 12.2 所示。

表 12.2　c_cflag（控制模式）

c_cflag 值	说明
CLOCAL	忽略任何调制解调器状态
CREAD	启动接收器
CS5	5 个数据位
CSTOPB	2 个停止位（不设置则为 1 个停止位）
HUPCL	关闭时挂断调制解调器
PARENB	启用奇偶校验
PARODD	使用奇校验而不使用偶校验
B9600	9 600 波特率

c_lflag（局部模式）说明如表 12.3 所示。

表 12.3　c_lflag（局部模式）

c_lflag 值	说明
ECHO	启动响应输入字符
ECHOE	将 ERASE 字符响应为执行 Backspace、Space 的组合
ECHOK	在 KILL 字符处删除当前行
ECHONL	回显字符 NL

c_lflag 值	说明
ICANON	设置正规模式，在这种模式下，需要设置 c_cc 数组来进行一些终端配置
IEXTEN	启动特殊函数的执行
ISIG	启动 SIGINTR, SIGSUSP, SIGQUIT, SIGSTP 信息
NOFLSH	关闭队列中的 flush
TOSTOP	传送要写入的信息至背景程序

c_cc[NCCS]（特殊控制字符）说明如表 12.4 所示。

表 12.4　c_cc[NCCS]（特殊控制字符）

c_cc[NCCS]值	说明
VINTR	中断控制
VQUIT	退出操作
VERASE	删除操作
VKILL	删除行
VEOF	位于文件结尾
VEOL	位于文件行尾
VMIN	指定了最少读取的字符
VTIME	指定了读取每个字符的等待时间

12.2.4　串口通信程序设计主要语句说明

串口通信一般分为接收端和发送端两部分。

1. 接收端

（1）打开 PC 的 COM1 端口。

如果以读写的方式打开 COM1 端口，语句可写为：

fd=open("/dev/ttyS0", O_RDWR | O_NOCTTY);

（2）取得当前串口值，并保存至结构体变量 oldtio。

tcgetattr(fd, &oldtio);

（3）清除结构体变量 newtio。

bzero(&newtio, sizeof(newtio));

（4）设置串口参数。

① 假定设置波特率为 38 400，8 个数据位，忽略任何调制解调器状态，同时启动接收器。

newtio.c_cflag=BAUDRATE |CS8 |CLOCAL|CREAD;

② 忽略奇偶校验错误。

newtio.c_iflag=IGNPAR;

③ 设输出模式非标准型，同时不回应。

ewtio.c_oflag=0;

④ 启用正规模式。

newtio.c_lflag=ICANON;

（5）清除所有列队在串口的输入输出。

tcflush(fd,TCIFLUSH);

（6）设置当前的串口参数为 newtio。

tcsetattr(fd,TCSANOW,&newtio);

（7）读取缓存中的数据。

read(fd,buf,255);

（8）关闭串口。

close(fd);

（9）恢复旧的端口参数。

tcsetattr(fd, TCSANOW, &oldtio);

2. 发送端

（1）打开 PC 的 COM2 端口。

fd=open("/dev/ttyS1",O_RDWR | O_NOCTTY);

（2）取得当前串口值，并保存至 oldtio。

tcgetattr(fd, &oldtio);

（3）清除结构体 newtio。

bzero(&newtio, sizeof(newtio));

（4）设置串口参数。

① 设置波特率为 38 400，8 个数据位，忽略任何调制解调器状态同时启动接收器。

newtio.c_cflag=BAUDRATE |CS8 |CLOCAL|CREAD;

② 忽略奇偶校验错误。

newtio.c_iflag=IGNPAR;

③ 设输出模式非标准型，同时不回应。

ewtio.c_oflag=0;

④ 启用正规模式。

newtio.c_lflag=ICANON;

（5）清除所有列队在串口的输入输出。

tcflush(fd,TCIFLUSH);

（6）设置当前的串口为 newtio。

tcsetattr(fd, TCSANOW, &newtio);

（7）向串口写入数据，储存在缓存中。

write(fd, s1, 1);

（8）关闭串口。

close(fd);

（9）恢复旧的端口参数。

tcsetattr(fd,TCSANOW,&oldtio);

例 12.2 通过计算机的 COM1 和 COM2 进行通信，利用 RS-232 来传送信息，其中 COM1 为发射端，COM2 为接收端，当接收端接收到字符'@'时，结束传输。RS-232 的通信格式为 38 400,n,8,1（38 400 表示波特率大小，n 表示不进行奇偶校验，8 表示数据位，1 表示停止位）。

步骤 1：连线。

计算机的 COM1 和 COM2 通过 RS-232 线连接如图 12.2 所示。

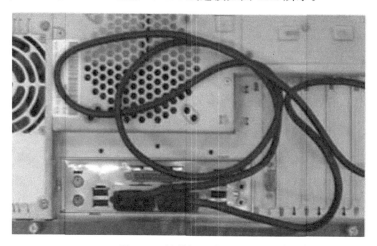

图 12.2 计算机的串口连线

步骤 2：编辑源程序代码。

设接收端的源文件名为 12-2-r.c，发送端的源文件名为 12-2-s.c ，在接收端打开端口 COM2 后，COM2 口会读取计算机 COM1 口传来的数据，并输出。若 COM2 口接收到的字符为'@'，则结束传输。

```c
#include <stdio. h>
#include <sys/types. h>
#include<fcnt1. h>
#include<termios. h>
#define BAUDRATE B38400
#define MODEMDEVICE    "/dev/ttyS1"
int main()
{
    int fd, c=0, res;
    struct termios oldtio, newtio;
    char buf [256];
    printf("start...\n");
```

```
fd=open(MODEMDEVICE,O_RDWR|O__NOCTTY);    //打开 PC 的 CM2 端口
 if(fd<0)
{
    perror(MODEMDEVICE);
    exit(1);
}
 printf("open...\n");
tcgetattr(fd,&oldtio);    /*将目前终端机参数保存至 oldtio（它是个结构体）*/
 bzero(&newtio, sizeof(newtio));/*清除 newtio(它也是个结构体)*/
 newtio. c_cflag=BAUDRATE |CS8 |CLOCAL |CREAD;
 newtio. c_iflag=IGNPAR;
 newtio. c_oflag=0;
 newtio.c_1flag=ICANON/*设置为正规模式*/
 tcflush(fd, TCIFLUSH);
 tcsetattr(fd, TCSANOW,&newtio);/*新的 termios 作为通信端口的参数*/
 printf("reading..\n");
 while(1)
{
    res=read(fd, buf, 255);
    buf [res]=0;
    printf ("res=%d vuf=%s\n", res,buf);
    if (buf [0] =='@ )break;
}
 printf("close...\n");
 close(fd);
 tcsetattr(fd, TCSANOW,&oldtio);/*恢复旧的端口参数*/
 return 0;
}
```
步骤 3：用 gcc 编译程序。

[root@localhost root]#gcc 12-2-r.c –o 12-2-r

步骤 4：编辑发送端源程序代码。

发送端 COM1 会把 COM1 的数据发送给 COM2。若 COM2 接收的字符为'@'，则结束传输。

[root@localhost root]#vim   12-2-s.c

```
#include <stdio. h>
 #include<sys/types. h>
 #include<sys/stat. h>
 #include<fcntl. h>
```

```c
#include<termios. h>
#define BAUDRATE B38400
#define MODEMDEVICE "/de/ttyS0"
#define STOP '@'
int main()
{
int fd, c=0, res;
  struct termios oldtio, newtio;
  char ch, s1 [20]
  printf(" start...\n");
  fd=open (MODEMDEVICE,O_RDWR|O_NOCTTY);
  if(fd<0)
{
    perror (MODEMDEVICE);
    exit(1);
}
  printf("open...\n");
  tcgetattr(fd, &oldtio);
  bzero(&newtio, sizeof (newtio));
  newtio. c_cflag=BAUDRATE| CS8 |CLOCAL| CREAD;
  newtio. c_iflag=IGNPAR;
  newtio. c_oflag=0;
  newtio. c_lflag=ICANON;
  tcflush(fd, TCIFLUSH);
  tcsetattr(fd, TCSANOW, &newtio);
  printf("writing...\n");
while(1)
{
    while((ch=getchar() !='@')
    {
      s1[0]=ch;
      res=write(fd, s1,1);
    }
      s1[0]=ch;
      s1[1]= 'n';
      res=write(fd, s1,2)
      break;
    }
```

```
    printf("close...\n");
    close(fd);
    tcsetattr(fd, TCSANOW, &oldtio);
    return 0;
}
```

步骤 5：用 gcc 编译程序。

[root@localhost root]#gcc 12-2-s.c –o 12-2-s

步骤 6：测试运行结果。

（1）打开一个终端，运行发送端程序：

[root@localhost root]#./ 12-2-r2.

（2）打开另一个终端，运行发送端程序，并输入"hello,lupa!"。

（3）接着会在接收端看到传来的数据。

结果分析：接收端收到发送端传来的字符（hello,lupa!），并统计出了字符数。

tcgetattr 函数说明如表 12.5 所示。

表 12.5 tcgetattr 函数

函数介绍	说明
所需头文件	#include<termios. h>
函数功能	可用来取得目前的串口参数值
函数原型	int tcgetattr(int fd, struct termios *tp)
函数传入值	tcgetattro 函数运行后，会取得文件描述符 fd 所描述的串口目前参数值，将其存入 tp 所指向的 termios 数据结构中
函数返回值	正确返回 0，若有错误发生则会返回-1

tcsetattr 函数说明如表 12.6 所示。

表 12.6 tcsetattr 函数

函数介绍	说明
所需头文件	#include<termios. h>
函数功能	可用来设置串口参数值
函数原型	int tcgetattr(int fd, int action, const struct termios *tp)
函数传入值	tcgetattr 函数运行后，会使用 tp 指向的 termios 数据结构，重新设置文件描述符 fd 所描述的串口
函数返回值	正确返回 0，若有错误发生则会返回-1

tcflush 函数说明如表 12.7 所示。

表 12.7 tcflush 函数

函数介绍	说明
所需头文件	#include<termios. h>
函数功能	清除所有队列在串口的输入输出
函数原型	int tcflush (int fd, int queue)

12.3　思考与实验

1. 写出下面这行代码的含义：

open("/dev/ttyS0",O_RDWR|O_NOCTTY|O_NDELAY);

2. 设置串行口波特率参数为 38 400，并且启用偶校验位。

3. 编写一个串口通信程序，要求使用硬件流控制，8 位字符大小，以 9 600 的波特率从一台计算机的 COM1 口发送由键盘输入的字符，在另一计算机的 COM1 口接收，并在屏幕上打印出接收到的字符。

参考文献

[1] Blum R，Bresnahan C. Linux 命令行与 shell 脚本编程大全[M]. 北京：人民邮电出版社，2016.

[2] 刘遄. Linux 就该这么学[M]. 北京：人民邮电出版社，2017.

[3] 博韦，西斯特. 深入理解 LINUX 内核[M]. 北京：中国电力出版社，2007.

[4] 拉芙. Linux 内核设计与实现[M]. 北京：机械工业出版社，2011.

[5] 刘忆智. Linux 从入门到精通[M]. 北京：清华大学出版社，2014.

[6] Kerrisk M. Linux/UNIX 系统编程手册(上、下册)[M]. 孙剑，等，译. 北京：人民邮电出版社，2014.

[7] 储成友. Linux 系统运维指南：从入门到企业实战[M]. 北京：人民邮电出版社，2020.

[8] Matthew N，Stones R. Linux 程序设计[M]. 北京：人民邮电出版社，2010.

[9] 朱文伟，李建英. Linux C 与 C++ 一线开发实践[M]. 北京：清华大学出版社，2018.

[10] 宋宝华. Linux 设备驱动开发详解：基于最新的 Linux4.0 内核[M]. 北京：机械工业出版社，2015.

[11] 陈硕. Linux 多线程服务端编程：使用 muduo C++网络库[M]. 北京：电子工业出版社，2013.

[12] 龙小威. 手把手教你学 Linux[M]. 北京：水利水电出版社，2020.

[13] 王军. Linux 系统命令及 Shell 脚本实践指南[M]. 北京：机械工业出版社，2014.

[14] 孟宁，娄嘉鹏，刘宇栋. 庖丁解牛 Linux 内核分析[M]. 北京：人民邮电出版社，2018.

[15] 陈德全. Linux 轻松入门——一线运维师实战经验独家揭秘[M]. 北京：中国青年出版社，2020.

[16] 郑强. Linux 驱动开发入门与实战[M]. 北京：清华大学出版社，2014.